Liderazgo ¿Razón *o* Corazón?

Mi *Visión* de *Coach*

DOC. FIDEL SAN MARTIN

Dedicatorias y Agradecimientos

Gracias a Dios *por su bendición, amor infinito y guía en mi vida, brindando fortaleza en cada momento y propósito a mi travesía de plenitud.*

A Paty, *con todo mi amor para mi cómplice de aventuras, guía en mi vida como esposo, padre y emprendedor, tu amor y dedicación son los pilares que sostienen mi rol multifacético y que dan fuerza a mi quehacer diario.*

Mis adoradas hijas, Pau y Pame, *su amor, creatividad, chispa y alegría son mi inspiración diaria en todos los roles de mi vida.*

Querida familia, *son el equipo que hace posible mi labor responsable como ser humano y miembro activo de la comunidad.*

Estimados líderes, coaches y mentores, *su orientación e inspiración ha sido esencial en mi desarrollo personal y profesional.*

A mis clientes, colaboradores y compañeros, *gracias por el privilegio de permitir ser coautores de nuestro éxito y por crear un entorno laboral y de negocios con crecimiento y constante desarrollo tanto individual como de equipo.*

A todos mis alumnos, lectores y público, *mis respetos y reconocimiento por ser parte de esta historia de vida y comunidad. Su participación es clave para que sea significativa. Gracias por permitirme contribuir y dejar un legado positivo en sus vidas y entornos.*

Doc. Fidel San Martin

Sobre el Autor

Doc. Fidel San Martin es una figura prominente en el liderazgo de equipos y el acompañamiento ejecutivo, respaldado por una sólida formación académica y una exitosa trayectoria profesional a nivel regional y global.

Su enfoque estratégico y su habilidad innata para inspirar y motivar a otros lo han llevado a obtener resultados sobresalientes en la gestión de operaciones en diversas escalas.

Su profundo entendimiento del liderazgo consciente, basado en el estudio de las neurociencias, ha sido esencial para crear entornos de trabajo colaborativos y de alto rendimiento, fundamentados en la empatía, la compasión y la autenticidad.

Con una amplia experiencia y certificaciones como Life Coach, Executive & Business Coach, con especialidad en Sales & Entrepreneurship, Coach Tanatológico, Agile Coach, así como Master NeuroCoach & Trainer, le da sentido a su labor de acompañamiento directivo y personal.

Doc. FIDEL SAN MARTIN está preparado para liderar, guiar y acompañar a otros en su camino hacia el éxito.

A nivel académico, su contribución en proyectos de investigación con excelencia y su habilidad para transmitir conocimientos lo han consolidado como una autoridad en su campo.

Su objetivo a corto plazo es compartir sus valiosos conocimientos y experiencia como autor, conferencista y mentor, brindando insights poderosos sobre liderazgo, gestión de equipos y desarrollo profesional.

A mediano plazo, aspira a consolidarse como una figura influyente en el ámbito del desarrollo de talento y el liderazgo transformador, proporcionando herramientas y estrategias prácticas para el crecimiento personal y profesional de quienes lo siguen.

PREFACIO

En el complejo entramado del liderazgo, se despliegan hilos de Razón y Corazón que, como una danza constante, definen el camino hacia el éxito y la realización personal.

Este libro, *Liderazgo ¿Razón o Corazón?* Mi *Visión* de Coach es una exploración profunda de los elementos fundamentales que componen la esencia del liderazgo, invitándote a reflexionar sobre la delicada sincronía entre la mente y el Corazón en el arte de guiar a otros.

El viaje comienza con la introducción, en donde te sumergirás en una introspección inicial sobre la dualidad inherente al liderazgo, cuestionándote si la Razón o el Corazón lideran el camino hacia la efectividad y la autenticidad.

A medida que avanzas, los capítulos se entretejen hábilmente, fusionando pasado y futuro en el tejido mismo del liderazgo.

En el Capítulo 1, exploraremos la conexión entre las experiencias pasadas y la Visión futura, mientras que el Capítulo 2 te invita a despertar tu Razón, desentrañando las complejidades del pensamiento lógico en la toma de decisiones del líder.

Las emociones toman el centro del escenario en el Capítulo 3, revelando el poder transformador que yace en comprender y gestionar nuestras propias emociones, así como las de aquellos a quienes lideramos.

La unión del pensamiento y el Corazón se explora en el Capítulo 4, destacando la importancia de equilibrar la lógica con la empatía.

El liderazgo adquiere un nuevo matiz en los capítulos 5 y 6, donde descubrirás la importancia de liderar con propósito y pasión, además de desempeñar roles cruciales como guía y mentor.

La resiliencia, la ética y la responsabilidad social emergen como pilares fundamentales en los capítulos 7 y 8, delineando la capacidad de enfrentar desafíos con fortaleza y liderar con integridad.

La innovación y el liderazgo disruptivo toman la vanguardia en el Capítulo 9, desafiándote a abrazar la creatividad y el cambio como impulsores del progreso.

Al llegar al Capítulo 10, encontrarás reflexiones profundas y prácticos pasos a seguir, invitándote a aplicar las lecciones aprendidas en tu propio viaje de liderazgo.

Finalmente, se ofrece una sólida base bibliográfica, conectándote con las fuentes que enriquecieron esta exploración.

Este libro pretende ser un faro que ilumina el camino hacia un liderazgo auténtico, equilibrando la Razón y el Corazón para inspirar, guiar y transformar.

¡Bienvenido a un viaje donde cada página te invita a descubrir el arte esencial de liderar con Razón *y Corazón!*

Recuerda que...

¡La misión vital de un líder es desarrollar a más líderes!

DOC. FIDEL *SAN MARTIN*

"El liderazgo es la capacidad de convertir

la Visión en realidad."

Warren Bennis (Siglo XX)

ÍNDICE

Introducción. *Liderazgo* ¿Razón *o Corazón*?

En este apartado introductorio del libro *"Liderazgo ¿Razón o Corazón?* *Mi Visión de Coach"*, se brinda un contexto sobre la importancia del liderazgo y se confrontan las posturas de la relevancia del ejercicio del líder usando la razón, o siguiendo sus corazonadas y gestionando sus emociones en su acción directiva.

Planteamiento y postura

La Razón y el Corazón son dos herramientas poderosas que pueden utilizarse para tomar decisiones.

La Razón es la capacidad de pensar de forma lógica y racional.

El Corazón es la capacidad de sentir emociones.

En el mundo del liderazgo, la Razón y el Corazón pueden utilizarse en conjunto para tomar decisiones acertadas.

La Razón puede utilizarse para analizar la información y tomar decisiones basadas en la evidencia.

El Corazón puede utilizarse para entender las emociones de los demás y tomar decisiones que sean significativas para ellos.

En el mundo del liderazgo, la combinación de la Razón y el Corazón es esencial para tomar decisiones acertadas y efectivas.

Estas dos dimensiones se complementan y permiten a los líderes abordar de manera integral las complejidades de las situaciones y las necesidades de las personas.

Aquí se describe cómo la Razón y el Corazón pueden utilizarse juntos:

1. Utilización de la Razón:

Análisis de Datos y Evidencia: La Razón implica analizar datos, evidencia y hechos objetivos para tomar decisiones informadas y lógicas. Los líderes deben basar sus elecciones en información sólida y análisis crítico.

Planificación Estratégica: La planificación estratégica es un proceso racional que involucra la definición de metas, la identificación de recursos y la formulación de estrategias.

La Razón guía la elaboración de planes sólidos y la toma de decisiones estratégicas.

Gestión de Riesgos: Los líderes razonables evalúan los riesgos y beneficios de diferentes opciones antes de tomar decisiones importantes.

Esto ayuda a minimizar los posibles impactos negativos.

2. Utilización del Corazón:

Empatía: El Corazón implica empatía hacia las emociones y perspectivas de los demás.

Los líderes empáticos son capaces de comprender cómo se sienten sus empleados, clientes u otros stakeholders.

Comunicación Efectiva: La empatía facilita la comunicación efectiva, ya que los líderes pueden ajustar su mensaje y tono para satisfacer las necesidades emocionales de su audiencia. Esto promueve la comprensión y la colaboración.

Inspiración y Motivación: Los líderes que conectan emocionalmente pueden inspirar y motivar a sus equipos de manera más efectiva.

Las historias emocionales y la pasión pueden ser poderosas herramientas de liderazgo.

3. Integración de la Razón y el Corazón:

Toma de Decisiones Equilibrada: La clave es encontrar un equilibrio entre la Razón y el Corazón al tomar decisiones.

Esto implica considerar tanto los aspectos lógicos como las implicaciones emocionales de una elección.

Construcción de Relaciones Sólidas: Combinar la Razón con el Corazón es fundamental para construir relaciones sólidas y de confianza.

Los líderes que demuestran empatía y comprensión suelen ganarse el respeto y la lealtad de los demás.

Ética y Valores: La combinación de la Razón y el Corazón es esencial para tomar decisiones éticas y alineadas con los valores. Los líderes éticos consideran tanto las implicaciones lógicas como las morales de sus acciones.

En resumen, el liderazgo efectivo implica la capacidad de equilibrar la Razón y el Corazón.

Los líderes que utilizan la Razón para analizar datos y la evidencia, y el Corazón para comprender las emociones y necesidades de los demás, están mejor preparados para tomar decisiones acertadas y significativas que benefician tanto a la organización como a las personas involucradas.

Desarrollo y propuesta

Los mejores líderes son aquellos que son capaces de integrar la Razón y el Corazón. Estos líderes son capaces de pensar de forma lógica y racional, pero también son capaces de entender las emociones de los demás.

Los líderes que sólo utilizan su Razón pueden tomar decisiones que sean lógicas y racionales, pero que no sean significativas para los demás.

Los líderes que sólo utilizan su Corazón pueden tomar decisiones que sean significativas para los demás, pero que no sean lógicas o racionales.

Los mejores líderes son aquellos que son capaces de encontrar un equilibrio entre la Razón y el Corazón. Estos líderes son capaces de tomar decisiones que sean tanto lógicas como significativas.

Los mejores líderes son aquellos que pueden encontrar un equilibrio entre la Razón y el Corazón en sus enfoques de liderazgo. Estos líderes poseen la capacidad de tomar decisiones que son tanto lógicas como significativas.

Aquí se describe cómo logran este equilibrio:

1. Toma de Decisiones Informadas por la Razón:

Análisis y Datos: Los líderes efectivos utilizan la Razón para evaluar información relevante, considerar las opciones disponibles y prever las consecuencias.

Planificación Estratégica: Los líderes definen metas claras y diseñando planes que se alineen con la Visión de la organización. La Razón guía la elaboración de estrategias sólidas y la asignación de recursos de manera efectiva.

Gestión de Riesgos: La Razón les permite identificar y mitigar los riesgos potenciales, lo que contribuye a un enfoque más seguro y bien fundamentado.

2. Conexión Emocional y Significado:

Empatía: Los líderes equilibrados reconocen las emociones y necesidades de sus equipos. Practican la empatía al comprender cómo se sienten los demás y cómo pueden ser apoyados.

Comunicación Significativa: Saben que la comunicación efectiva va más allá de los hechos y datos. Utilizan historias y mensajes significativos para conectar emocionalmente con su audiencia, lo que facilita la comprensión y la motivación.

Inspiración: Los líderes que equilibran la Razón y el Corazón son capaces de inspirar a sus equipos. Su pasión y autenticidad a menudo generan un sentido de propósito y motivación entre los miembros del equipo.

3. Integración del Pensamiento y el Corazón:

Toma de Decisiones Éticas: Estos líderes toman decisiones éticas y coherentes con los valores de la organización. Consideran tanto las implicaciones lógicas como las morales de sus acciones.

Desarrollo de Relaciones Sólidas: Construyen relaciones sólidas y de confianza con su equipo al demostrar empatía y comprensión. La conexión emocional contribuye a relaciones más auténticas y duraderas.

Liderazgo Auténtico: Son auténticos en su enfoque de liderazgo, lo que les permite ser coherentes en palabras y acciones. Esto genera confianza y credibilidad entre los seguidores.

En resumen, los mejores líderes son aquellos que pueden equilibrar la Razón y el Corazón en su toma de decisiones y su enfoque de liderazgo.

Son capaces de tomar decisiones lógicas y bien fundamentadas que se alinean con los objetivos y valores de la organización, al tiempo que demuestran empatía y comprensión hacia las necesidades emocionales de los demás.

Esta combinación les permite liderar de manera más efectiva, generar compromiso y crear un ambiente de trabajo significativo y productivo.

Conclusiones y reflexiones

El liderazgo es una habilidad compleja que requiere una variedad de habilidades y cualidades.

Los mejores líderes son aquellos que son capaces de utilizar tanto su pensamiento lógico como su intuición y sus emociones para tomar decisiones acertadas.

La Razón y el Corazón son dos herramientas poderosas que pueden utilizarse en conjunto para tomar decisiones acertadas y ejercer un liderazgo efectivo.

Los mejores líderes son aquellos que son capaces de integrar la Razón y el Corazón.

Aquí se explica por qué la combinación de ambas es esencial:

1. La Razón como Base Fundamentada:

Análisis Objetivo: La Razón se basa en el análisis objetivo de datos y hechos. Permite una evaluación lógica y sistemática de la información disponible.

Toma de Decisiones Fundamentada: La Razón proporciona una base sólida para la toma de decisiones. Las decisiones basadas en datos y análisis tienden a ser más precisas y menos propensas a errores.

Gestión Efectiva: La capacidad de analizar y planificar racionalmente es esencial para una gestión efectiva de recursos, proyectos y procesos.

2. El Corazón como Conexión Humana:

Empatía: El Corazón implica empatía hacia las emociones y necesidades de los demás. La empatía permite entender a nivel profundo cómo se sienten las personas.

Comunicación Significativa: La conexión emocional facilita una comunicación más efectiva. Las historias, mensajes con significado y la autenticidad en la comunicación promueven la comprensión y la conexión con otros.

Inspiración y Motivación: La pasión y la autenticidad emocional pueden inspirar y motivar a otros. Los líderes que conectan emocionalmente tienden a generar un sentido de propósito y compromiso.

3. Integración de la Razón y el Corazón:

Toma de Decisiones Complejas: La integración de la Razón y el Corazón permite abordar decisiones complejas y multifacéticas. Se consideran tanto los aspectos lógicos como las implicaciones emocionales.

Construcción de Relaciones Sólidas: La empatía y la comprensión emocional son fundamentales para construir relaciones sólidas y de confianza. Los líderes que conectan emocionalmente suelen ganarse el respeto y la lealtad de los demás.

Liderazgo Auténtico: La autenticidad emocional es esencial para el liderazgo auténtico. Los líderes que pueden mostrar su verdadero yo a menudo generan un mayor nivel de confianza entre los seguidores.

En resumen, la Razón y el Corazón son dos enfoques complementarios que se potencian mutuamente.

La Razón proporciona una base fundamentada y lógica, mientras que el Corazón permite la conexión humana, la comprensión emocional y la inspiración.

Los mejores líderes son aquellos que pueden integrar estas dos dimensiones, tomando decisiones acertadas que son al mismo tiempo lógicas y significativas, y liderando con autenticidad y empatía.

Esto resulta en un liderazgo efectivo y relaciones sólidas con los miembros del equipo y otras partes interesadas.

6.   Escenarios futuros:

Se exploran los posibles escenarios futuros en los que el liderazgo sea aún más relevante.

Se discute sobre los desafíos emergentes, como la inteligencia artificial, el cambio climático, la transformación digital y la necesidad de líderes adaptativos y con Visión a largo plazo. Se analizan las habilidades y competencias requeridas para liderar en estos escenarios y se plantearán posibles estrategias de desarrollo y capacitación.

Esta primera sección proporciona una Visión general del libro, presentando el tema del liderazgo, su importancia y los desafíos actuales y futuros. Se sientan las bases para los siguientes capítulos, que profundizan en aspectos específicos del liderazgo y brinda orientación práctica para los líderes en su desarrollo personal y profesional. Los desafíos emergentes en el mundo actual, como la inteligencia artificial, el cambio climático y la transformación digital, están remodelando la forma en que las organizaciones operan y requieren líderes adaptativos y con una Visión a largo plazo para abordarlos eficazmente. Aquí se describen estos desafíos y las habilidades y competencias necesarias para liderar en estos escenarios:

1. Inteligencia Artificial (IA) y Automatización:

Desafío: La IA y la automatización están cambiando la naturaleza del trabajo y la gestión de equipos.

Los líderes deben adaptarse a la colaboración con sistemas de IA y garantizar la capacitación y el desarrollo de sus equipos.

Habilidades y Competencias Requeridas:

Inteligencia Artificial y Conciencia Tecnológica: Comprender los conceptos básicos de la IA y su impacto en la industria es fundamental.

Habilidades de Colaboración: Capacidad para trabajar en conjunto con sistemas de IA y equipos multidisciplinarios.

Gestión del Cambio: Facilitar la transición de los empleados a nuevos roles y tareas a medida que la automatización avanza.

2. Cambio Climático y Sostenibilidad:

Desafío: El cambio climático y las preocupaciones de sostenibilidad exigen líderes que adopten prácticas más ecológicas y consideren el impacto ambiental en las decisiones comerciales.

Habilidades y Competencias Requeridas:

Conciencia Ambiental: Comprender los problemas relacionados con el cambio climático y la sostenibilidad.

Pensamiento Sostenible: Integrar consideraciones ambientales en la toma de decisiones estratégicas.

Comunicación Efectiva: Comunicar las iniciativas de sostenibilidad de manera efectiva tanto interna como externamente.

3. Transformación Digital:

Desafío: La transformación digital impulsa cambios rápidos en la tecnología y la cultura organizativa.

Los líderes deben liderar la adopción de nuevas tecnologías y fomentar una cultura de innovación.

Habilidades y Competencias Requeridas:

Alfabetización Digital: Comprender las tecnologías emergentes y su aplicabilidad.

Liderazgo de Innovación: Fomentar la creatividad y la experimentación dentro de la organización.

Habilidades de Gestión del Cambio: Facilitar la adopción de nuevas tecnologías y procesos.

4. Liderazgo Adaptativo y a Largo Plazo:

Desafío: Los líderes deben ser adaptables y capaces de enfrentar situaciones cambiantes y volátiles. También necesitan una Visión a largo plazo para guiar a sus organizaciones hacia un futuro sostenible.

Habilidades y Competencias Requeridas:

Agilidad y Adaptabilidad: Ser capaz de ajustarse a entornos cambiantes y tomar decisiones rápidas.

Visión Estratégica: Desarrollar una Visión a largo plazo y una dirección clara para la organización.

Inteligencia Emocional: Entender y gestionar las emociones propias y de los demás, especialmente en momentos de cambio.

Estrategias de Desarrollo y Capacitación:

Aprendizaje Continuo: Fomentar una cultura de aprendizaje y desarrollo dentro de la organización, donde los líderes y empleados tengan acceso a oportunidades de capacitación y desarrollo.

Mentoría y Coaching: Proporcionar oportunidades de mentoría y coaching para líderes emergentes y existentes, lo que les permite adquirir experiencia y orientación de profesionales con experiencia.

Redes y Colaboración: Fomentar la colaboración y la construcción de redes con otras organizaciones e industrias para compartir mejores prácticas y conocimientos.

Evaluación y Retroalimentación: Implementar procesos de evaluación y retroalimentación para evaluar y mejorar las habilidades de liderazgo en respuesta a los desafíos emergentes.

En resumen, los líderes que enfrentan los desafíos emergentes de la IA, el cambio climático, la transformación digital y la necesidad de adaptabilidad y Visión a largo plazo deben desarrollar habilidades específicas y buscar oportunidades de capacitación y desarrollo continuo. La capacidad de liderar en estos escenarios requerirá un enfoque multidisciplinario y una mentalidad de aprendizaje constante.

Proyecciones del liderazgo a futuro:

En el futuro, se espera que el liderazgo continúe evolucionando. Los líderes deberán enfrentar desafíos cada vez más complejos, como el cambio climático, la inteligencia artificial y la automatización.

Serán necesarios líderes que puedan adaptarse rápidamente, pensar de manera creativa y desarrollar soluciones innovadoras.

Además, se espera que los líderes del futuro sean conscientes del impacto social y medioambiental de sus acciones, liderando de manera ética y sostenible.

Los líderes del futuro se enfrentarán a desafíos cada vez más complejos y disruptivos, como el cambio climático, la inteligencia artificial y la automatización. Para abordar estos desafíos, se requerirá un enfoque de liderazgo que incluya las siguientes características:

1. Adaptabilidad y Agilidad: Los líderes deben ser capaces de adaptarse rápidamente a entornos cambiantes y volátiles. La agilidad en la toma de decisiones y la capacidad de ajustar estrategias según las circunstancias serán esenciales.

2. Pensamiento Creativo e Innovador: Se necesitará un enfoque creativo para abordar problemas complejos y encontrar soluciones innovadoras. Los líderes deben fomentar la cultura de la innovación y la experimentación dentro de sus organizaciones.

3. Conciencia Tecnológica: Comprender las tecnologías emergentes, como la inteligencia artificial y la automatización, es fundamental. Los líderes deben estar al tanto de las tendencias tecnológicas y cómo estas afectan a sus industrias.

4. Ética y Sostenibilidad: Los líderes del futuro deben ser conscientes del impacto social y medioambiental de sus acciones.

La toma de decisiones éticas y sostenibles se convertirá en una prioridad, no solo por responsabilidad corporativa, sino también por la demanda de los consumidores y reguladores.

5. Empatía y Habilidades Sociales: A medida que la automatización se hace cargo de tareas rutinarias, la empatía y las habilidades sociales se vuelven aún más valiosas.

Los líderes deben ser capaces de conectar emocionalmente con su equipo y comprender las necesidades de los clientes y las partes interesadas.

6. Visión a Largo Plazo: Desarrollar una Visión a largo plazo y una estrategia sostenible será crucial.

Los líderes deben considerar el impacto de sus decisiones en el futuro de la organización y la sociedad en general.

7. Aprendizaje Continuo: La capacidad de aprendizaje constante será esencial.

Los líderes deben estar dispuestos a adquirir nuevas habilidades y conocimientos a medida que evolucionan las circunstancias.

8. Colaboración Global: Los desafíos actuales no tienen fronteras claras, por lo que los líderes deberán fomentar la colaboración a nivel global. La cooperación con otras organizaciones y gobiernos será necesaria para abordar problemas complejos como el cambio climático.

9. Resiliencia: Los líderes deben desarrollar resiliencia para sobrellevar situaciones de alta presión y ambigüedad.

La capacidad de mantener la calma y liderar durante momentos de crisis será esencial.

En resumen, los líderes del futuro se enfrentarán a desafíos complejos y cambiantes que requerirán un conjunto diverso de habilidades y competencias.

Serán líderes que puedan adaptarse rápidamente, pensar de manera creativa, liderar de manera ética y sostenible, y colaborar a nivel global para encontrar soluciones efectivas.

La capacidad de liderar en este entorno dinámico y desafiante será fundamental para el éxito a largo plazo de las organizaciones y la sociedad en su conjunto.

"*La emoción más antigua e intensa*
de la humanidad es el miedo;
y la más antigua e intensa de las emociones,
es el miedo a lo desconocido."

H.P. Lovecraft (Siglo XX)

Capítulo 1 Entretejiendo Pasado y Futuro en el Liderazgo

I) Planteamiento y postura

1.   Antecedentes:

En este primer capítulo del libro "Liderazgo ¿Razón o Corazón?", se brinda un contexto sobre la importancia del liderazgo en diversos ámbitos.

Se presentan los antecedentes históricos del liderazgo, desde las teorías clásicas hasta los enfoques contemporáneos.

Se mencionan líderes destacados y se expondrán investigaciones relevantes en el campo del liderazgo.

Génesis del liderazgo:

El liderazgo ha existido desde los albores de la civilización. Desde los primeros grupos humanos, surgieron figuras que se destacaban por su capacidad de guiar y motivar a los demás.

A lo largo de la historia, el liderazgo ha tomado diferentes formas, desde los líderes tribales hasta los líderes políticos y empresariales en la actualidad. El liderazgo ha sido fundamental para coordinar esfuerzos, tomar decisiones y lograr objetivos comunes.

A continuación, se efectúa una breve descripción más detallada de algunas teorías de liderazgo, junto con los principales representantes y autores asociados:

1.   Teoría del Gran Hombre (Great Man Theory):

Esta teoría sostiene que los líderes nacen con rasgos innatos y cualidades especiales que los predisponen a liderar en momentos cruciales de la historia.

Se enfoca en figuras históricas notables y poderosas que han influido en eventos importantes.

Principales Representantes: Thomas Carlyle

2.   Teoría de los Rasgos (Trait Theory):

La Teoría de los Rasgos busca identificar las características personales y rasgos individuales que distinguen a los líderes efectivos.

Se centra en la idea de que ciertos rasgos, como la inteligencia, la confianza y el carisma, son indicadores de un liderazgo exitoso.

Principales Representantes: Ralph Stogdill, Warren Bennis

3.   Teoría de Estilos de Liderazgo (Leadership Styles Theory):

Esta teoría analiza cómo los líderes se comportan y se relacionan con sus seguidores.

Distingue entre estilos de liderazgo autoritarios y democráticos, basados en el nivel de participación de los seguidores en la toma de decisiones.

Principales Representantes: Kurt Lewin, Rensis Likert

4.   Teoría de Contingencia (Contingency Theory):

La Teoría de Contingencia sostiene que no hay un estilo de liderazgo único que funcione en todas las situaciones.

El éxito del liderazgo depende de factores contextuales como la estructura de la organización, las relaciones y la madurez de los seguidores.

Principales Representantes: Fred Fiedler, Paul Hersey, Kenneth Blanchard

5.   Teoría del Comportamiento (Behavioral Theory):

Enfocándose en los comportamientos observables, esta teoría analiza cómo los líderes actúan y se relacionan con los demás.

Identifica estilos de liderazgo centrados en la tarea y centrados en las relaciones.

Principales Representantes: Kurt Lewin, Estudios de la Universidad Estatal de Ohio (Fleishman y otros)

6. Teoría de la Rejilla Gerencial (Managerial Grid Theory):

La Rejilla Gerencial establece un enfoque de dos dimensiones para el liderazgo: preocupación por las personas y preocupación por la tarea.

Los líderes deben equilibrar estas dimensiones para lograr un liderazgo efectivo.

Principales Representantes: Robert R. Blake, Jane S. Mouton

7. Teoría de Transformacional y Transaccional (Transformational and Transactional Theory):

La teoría transformacional se centra en líderes que inspiran y motivan a través de una Visión compartida y un cambio positivo.

La teoría transaccional se basa en el intercambio de recompensas y castigos para lograr objetivos.

Principales Representantes: James MacGregor Burns, Bernard Bass

8. Teoría del Liderazgo Carismático (Charismatic Leadership Theory):

Esta teoría resalta la influencia de líderes carismáticos que inspiran a través de su personalidad magnética y Visión convincente.

Los seguidores son atraídos por la fuerte presencia y la habilidad de motivar.

Principales Representantes: House, Conger, Kanungo

9. Teoría del Liderazgo Auténtico (Authentic Leadership Theory):

La Teoría del Liderazgo Auténtico pone énfasis en la autenticidad, la ética y la transparencia.

Los líderes auténticos son aquellos que se mantienen fieles a sí mismos y generan confianza a través de su ejemplo y valores.

Principales Representantes: Bill George, Peter Sims, Claudio Fernández-Aráoz

10. Teoría del Liderazgo Situacional (Situational Leadership Theory):

Esta teoría destaca que el estilo de liderazgo debe adaptarse según el nivel de madurez y habilidades de los seguidores.

Los líderes ajustan su enfoque de dirección a apoyo y delegación según las necesidades.

Principales Representantes: Paul Hersey, Kenneth Blanchard

11. Teoría del Liderazgo Servicial (Servant Leadership Theory):

El Liderazgo Servicial enfatiza la importancia de servir a los demás y satisfacer sus necesidades.

Los líderes sirvientes se preocupan por el bienestar de los seguidores y trabajan para empoderarlos.

Principales Representantes: Robert K. Greenleaf

12. Teoría del Liderazgo Transformador (Transformational Leadership Theory):

Similar a la teoría transformacional mencionada anteriormente, esta teoría enfoca en cómo los líderes pueden inspirar y motivar para lograr un cambio positivo profundo en la organización.

Principales Representantes: James MacGregor Burns, Bernard Bass

13. Teoría de Liderazgo Adaptativo (Adaptive Leadership Theory):

La Teoría de Liderazgo Adaptativo se enfoca en abordar desafíos complejos y cambios. Los líderes adaptativos fomentan la colaboración y la innovación para encontrar soluciones efectivas.

Principales Representantes: Ronald Heifetz, Marty Linsky

14. Teoría de Liderazgo Integral (Integral Leadership Theory):

La Teoría de Liderazgo Integral incorpora múltiples dimensiones del liderazgo, considerando aspectos individuales, interpersonales, culturales y espirituales. Busca abordar la complejidad de las situaciones actuales.

Principales Representantes: Ken Wilber, Sean Esbjörn-Hargens

También se destacan algunos líderes del siglo XX y del siglo XXI que también dejaron un impacto significativo en la historia:

Franklin D. Roosevelt:

Época: 1882 - 1945

País: Estados Unidos

Legado: Franklin D. Roosevelt fue el 32° presidente de los Estados Unidos y lideró al país a través de la Gran Depresión y la Segunda Guerra Mundial. Su New Deal y sus políticas sociales transformaron la economía y el papel del gobierno en la sociedad estadounidense.

Mikhail Gorbachev:

Época: 1931 - Presente (siglo XX y XXI)

País: Unión Soviética (ahora Rusia)

Legado: Mikhail Gorbachev fue el último líder de la Unión Soviética. Su política de apertura y reforma, conocida como la "Glasnost" y la "Perestroika", llevó a cambios significativos en el sistema político y económico de la Unión Soviética y contribuyó al colapso del régimen comunista.

Nelson Mandela:

Época: 1918 - 2013

País: Sudáfrica

Legado: Nelson Mandela también es un líder del siglo XX, pero su influencia se extendió hasta el siglo XXI. Después de su liberación de prisión en 1990, trabajó para la reconciliación y la unidad en Sudáfrica como el primer presidente negro del país.

Angela Merkel:

Época: 1954 - Presente (siglo XX y XXI)

País: Alemania

Legado: Angela Merkel fue la primera mujer en ser canciller de Alemania y una de las líderes más influyentes de Europa en el siglo XXI. Su liderazgo calmado y pragmático se destacó durante la crisis financiera y la crisis de refugiados, así como en cuestiones de política global.

Barack Obama:

Época: 1961 - Presente (siglo XX y XXI)

País: Estados Unidos

Legado: Barack Obama se convirtió en el 44º presidente de los Estados Unidos y fue el primer presidente afroamericano. Su enfoque en la atención médica, el cambio climático y la diplomacia internacional dejó un impacto en la política estadounidense y global.

Malala Yousafzai:

Época: 1997 - Presente (siglo XXI)

País: Pakistán

Legado: Malala Yousafzai es una defensora de la educación de las niñas y jóvenes en Pakistán y en todo el mundo.

Sobrevivió a un ataque talibán y se convirtió en la persona más joven en recibir el Premio Nobel de la Paz por su lucha por la igualdad de género y la educación.

Xi Jinping:

Época: 1953 - Presente (siglo XX y XXI)

País: China

Legado: Xi Jinping es el actual líder de China y Secretario General del Partido Comunista Chino. Su mandato ha estado marcado por una consolidación del poder y una mayor influencia de China en asuntos internacionales.

Estos líderes del siglo XX y del siglo XXI también han dejado una marca duradera en la historia a través de sus acciones y contribuciones en diferentes áreas políticas, sociales y globales.

2.   En qué consiste.

Situación actual:

Se explica en qué consiste el liderazgo y la situación actual en la que se desarrolla. Se destaca la importancia de los líderes en las organizaciones con los desafíos que enfrentan tales como la globalización, diversidad, y tecnología.

El liderazgo en la actualidad:

En la actualidad, el liderazgo ha evolucionado y se ha vuelto más complejo.

Los líderes enfrentan desafíos globales, rápidos avances tecnológicos y una diversidad de culturas y perspectivas.

Los líderes modernos deben adaptarse a entornos volátiles e inciertos, tomar decisiones éticas y responsables, y fomentar la colaboración y la innovación.

Además, se espera que los líderes sean inclusivos, empáticos y capaces de motivar a equipos diversos.

Los líderes actuales del siglo XXI enfrentan una serie de desafíos únicos en un entorno global complejo y en constante cambio.

Aquí hay algunas características clave de los líderes contemporáneos y los retos que enfrentan en la actualidad:

Habilidad para la Adaptación:

Los líderes actuales deben ser flexibles y capaces de adaptarse rápidamente a los cambios, ya que el entorno político, económico y social es altamente volátil y puede cambiar de manera impredecible.

Conciencia Global:

La globalización y la interconexión de las economías y las sociedades requieren que los líderes tengan una comprensión profunda de los asuntos internacionales y la capacidad de trabajar en colaboración con líderes de otras naciones.

Tecnología y Transformación Digital:

Los líderes deben comprender cómo la tecnología está transformando los negocios y la sociedad en general.

Deben adoptar la transformación digital y liderar la innovación en sus organizaciones para mantenerse competitivos.

Diversidad e Inclusión:

Los líderes contemporáneos deben abogar por la diversidad e inclusión en sus equipos y organizaciones. Esto implica comprender y respetar diferentes culturas, géneros y perspectivas para crear ambientes más equitativos y productivos.

Sostenibilidad y Cambio Climático:

La creciente preocupación por el cambio climático y la sostenibilidad requiere que los líderes adopten prácticas responsables y busquen soluciones para reducir el impacto ambiental de sus organizaciones y comunidades.

Desafíos Sociales y de Salud:

Los líderes deben abordar cuestiones sociales como la desigualdad, la pobreza, la salud mental y las pandemias.

La capacidad de responder eficazmente a estos desafíos afecta la cohesión social y la estabilidad económica.

Transparencia y Ética:

En la era de la información, la transparencia y la ética son fundamentales.

Los líderes deben tomar decisiones éticas y ser transparentes en su comunicación para mantener la confianza de sus seguidores y partes interesadas.

Cambio Demográfico y Generacional:

La diversidad generacional y la presencia de diversas perspectivas en el lugar de trabajo requieren que los líderes sean capaces de gestionar equipos multigeneracionales y promover la colaboración entre diferentes grupos de edad.

Toma de Decisiones Complejas:

Los líderes a menudo enfrentan decisiones difíciles y complejas que pueden tener implicaciones a largo plazo.

La capacidad de tomar decisiones informadas y considerar múltiples perspectivas es esencial.

Gestión de Crisis:

La capacidad para manejar y liderar en situaciones de crisis, como desastres naturales, conflictos políticos y emergencias de salud, es fundamental para los líderes actuales.

En resumen, los líderes del siglo XXI deben ser adaptables, conscientes de la globalización y la tecnología, abogar por la diversidad y la sostenibilidad, enfrentar desafíos sociales y éticos, y tomar decisiones informadas en un entorno en constante evolución.

Cada líder debe enfrentar estos retos de manera única según su contexto y responsabilidades específicas.

II) Desarrollo y propuesta

3.   Cómo hacerlo:

Se exploran las características y habilidades clave que definen a un líder efectivo.

Se presentan estrategias y prácticas para fortalecer habilidades, como la comunicación efectiva, toma de decisiones, gestión del tiempo, liderazgo emocional y la capacidad de adaptación.

El liderazgo es un tema complejo que ha sido estudiado por filósofos, psicólogos y sociólogos durante siglos.

No existe una definición única de liderazgo, pero en general se puede entender como la capacidad de influir en los demás para lograr un objetivo común.

Existen diferentes estilos de liderazgo, pero todos ellos comparten algunas características comunes.

Los líderes eficaces son capaces de inspirar, motivar y guiar a los demás.

También son capaces de tomar decisiones difíciles, resolver conflictos y gestionar el cambio.

En este ensayo, se explora el papel de la Razón y el Corazón en el liderazgo.

Argumentando que los mejores líderes son aquellos que son capaces de integrar ambas herramientas para tomar decisiones acertadas.

También se explora el papel de la innovación y el liderazgo disruptivo en el mundo actual.

Se argumenta que los líderes disruptivos son esenciales para el éxito en un mundo que cambia constantemente.

"La verdadera prueba de un líder no es si sabe seguir,

sino si puede inspirar a otros para que lo sigan."

Napoleón Bonaparte (Siglo XIX)

4.   Qué evitar:

Se identifican los errores comunes que los líderes pueden cometer y se ofrecerán consejos para evitarlos.

Se abordan aspectos como la falta de comunicación clara, la falta de escucha activa, la resistencia al cambio y la falta de empatía hacia los demás.

Ciertamente, los líderes pueden cometer errores comunes que pueden socavar su eficacia y el compromiso de su equipo. Aquí hay algunos de los errores más comunes y consejos para evitarlos:

1. Falta de Comunicación Clara:

Error: No comunicar de manera efectiva los objetivos, expectativas o cambios en la organización.

Consejo: Establecer una comunicación abierta y transparente. Comunicar de manera clara y regular, y asegurarse de que todos comprendan los mensajes clave.

2. Falta de Escucha Activa:

Error: No escuchar a los miembros del equipo o descartar sus opiniones sin considerarlas.

Consejo: Practicar la escucha activa. Prestar atención genuina a lo que dicen los demás, hacer preguntas para comprender mejor y valora sus perspectivas.

3. Resistencia al Cambio:

Error: Resistirse al cambio o imponer cambios sin considerar las preocupaciones de los empleados.

Consejo: Fomentar una mentalidad de cambio y adaptabilidad. Involucrar a los empleados en el proceso de cambio, escuchar sus inquietudes y explorar soluciones juntos.

4. Falta de Empatía:

Error: No comprender o preocuparse por las necesidades y emociones de los demás.

Consejo: Desarrollar la inteligencia emocional. Practicar la empatía, buscar comprender las experiencias de los demás y mostrar apoyo genuino.

5. Microgestión:

Error: Controlar excesivamente a los miembros del equipo, lo que puede socavar la autonomía y la confianza.

Consejo: Delegar responsabilidades y permitir que los miembros del equipo tomen decisiones y asuman la responsabilidad. Confiar en sus capacidades y habilidades.

6. Falta de Reconocimiento y Feedback:

Error: No reconocer ni proporcionar retroalimentación positiva o constructiva.

Consejo: Reconocer y celebrar los logros del equipo. Proporcionar feedback regular y específico para promover el crecimiento y el desarrollo.

7. Falta de Coherencia:

Error: No ser coherente en palabras y acciones, lo que puede erosionar la confianza.

Consejo: Demostrar coherencia entre tus valores, palabras y acciones. Ser un ejemplo de integridad y autenticidad.

8. No Promover el Desarrollo Personal y Profesional:

Error: No invertir en el crecimiento y desarrollo de los miembros del equipo.

Consejo: Apoyar el desarrollo de habilidades y el crecimiento profesional de tu equipo.

Proporcionar oportunidades de aprendizaje y mentoría.

9. Ignorar la Salud Mental y el Bienestar:

Error: No prestar atención a la salud mental y el bienestar de los empleados.

Consejo: Fomentar un ambiente de trabajo que promueva el equilibrio entre trabajo y vida personal, y proporcionar recursos para el bienestar emocional.

En resumen, evitar estos errores comunes es fundamental para un liderazgo efectivo.

La comunicación clara, la empatía, la escucha activa y el apoyo al desarrollo personal son componentes esenciales para construir relaciones sólidas con los miembros del equipo y promover un ambiente de trabajo saludable y productivo.

III) Conclusiones y reflexiones

5.   Para qué es importante:

Se resalta los beneficios del liderazgo efectivo tanto a nivel personal como organizacional.

Se discuten los impactos positivos que puede tener un liderazgo sólido en la motivación de los equipos, el logro de metas, la creación de un ambiente de trabajo positivo y la generación de resultados exitosos.

El liderazgo efectivo aporta una amplia gama de beneficios tanto a nivel personal como organizacional.

Aquí se destacan algunos de los principales:

Beneficios a Nivel Personal:

1.   Desarrollo de Habilidades: El liderazgo efectivo impulsa el desarrollo de habilidades valiosas como la comunicación, la toma de decisiones, la gestión del tiempo y la resolución de problemas.

Estas habilidades son transferibles y beneficiosas en todas las áreas de la vida.

2.   Crecimiento Profesional: Liderar con éxito a menudo conduce a oportunidades de crecimiento profesional.

Los líderes efectivos tienden a avanzar en sus carreras más rápidamente y pueden acceder a roles de mayor responsabilidad.

3.   Autoconciencia: El liderazgo efectivo requiere una comprensión profunda de uno mismo y de cómo se relaciona con los demás. Esto promueve la autoconciencia y el crecimiento personal.

4.   Impacto Significativo: Los líderes efectivos pueden generar un impacto significativo en las vidas de las personas y en las organizaciones.

Esto puede ser una fuente de satisfacción y realización personal.

5.   Empoderamiento: Al empoderar a los demás y guiarlos hacia el éxito, los líderes efectivos experimentan una sensación de logro y un propósito más profundo en su trabajo.

Beneficios a Nivel Organizacional:

1.   Mejor Rendimiento y Productividad: Los líderes efectivos pueden inspirar y motivar a sus equipos, lo que generalmente se traduce en un mayor rendimiento y productividad organizacional.

2.   Cultura Organizacional Positiva: Los líderes pueden establecer el tono para una cultura de trabajo saludable y positiva.

Esto atrae y retiene a talentos, promoviendo un ambiente en el que los empleados se sienten valorados y comprometidos.

3.   Toma de Decisiones Más Sólida: Los líderes efectivos toman decisiones informadas y equilibradas, lo que contribuye a la toma de decisiones más sólida en la organización.

4.   Innovación y Creatividad: Los líderes que fomentan un ambiente de confianza y apoyo pueden estimular la innovación y la creatividad, ya que los empleados se sienten más cómodos al expresar nuevas ideas.

5.   Gestión Eficaz de Conflictos: Los líderes eficaces pueden gestionar conflictos de manera constructiva, lo que evita la disrupción y promueve la colaboración en la organización.

6.   Crecimiento y Rentabilidad: Una gestión eficaz y el liderazgo inspirador pueden contribuir al crecimiento y la rentabilidad sostenibles de la organización.

7.   Reputación y Marca: El liderazgo efectivo puede mejorar la reputación de la organización y su marca, lo que puede atraer a clientes, inversores y socios estratégicos.

En resumen, el liderazgo efectivo no solo conduce al éxito organizacional, sino que también brinda beneficios personales significativos al líder.

Los líderes que se esfuerzan por desarrollar sus habilidades y practicar un liderazgo auténtico y efectivo tienen la capacidad de transformar tanto sus vidas como sus organizaciones para mejor.

"La mejor manera de predecir el futuro es crearlo."

Peter Drucker (Empresario y Autor, Siglo XX)

Capítulo 2: Despertando la razón

I) Planteamiento y postura

1. Antecedentes:

En este capítulo, se exploran los antecedentes históricos y teóricos que han destacado la importancia de la Razón en el liderazgo.

Se analizan las diferentes corrientes de pensamiento y las teorías que han influido en el desarrollo de la Razón como una habilidad fundamental para los líderes.

Génesis del pensamiento racional en el liderazgo:

El pensamiento racional ha sido un componente fundamental del liderazgo desde tiempos antiguos.

Filósofos y pensadores clásicos como Sócrates y Platón enfatizaban la importancia de la Razón y el análisis lógico en la toma de decisiones. A medida que la sociedad se volvía más compleja, el liderazgo requería un enfoque más analítico y estratégico para abordar problemas y aprovechar oportunidades.

El enfoque en la importancia de la Razón en el liderazgo ha sido una perspectiva destacada en varios momentos históricos y teorías del liderazgo. A lo largo de la historia, ha habido líderes y pensadores que han enfatizado la necesidad de la racionalidad, la toma de decisiones basada en la lógica y el pensamiento crítico en el ejercicio del liderazgo. Aquí hay algunos antecedentes históricos y teóricos relevantes:

1. Liderazgo en la Antigua Grecia: Sócrates y Platón En la antigua Grecia, Sócrates y su discípulo Platón defendieron la importancia de la Razón y el conocimiento en el liderazgo.

Sócrates es conocido por su método de cuestionamiento y diálogo, que fomentaba la búsqueda de la verdad a través del razonamiento crítico.

Platón, por su parte, desarrolló la teoría de las "ideas" o "formas", argumentando que los líderes debían aspirar a comprender conceptos universales y trascendentes para gobernar sabiamente.

2.   Ilustración y la Era de la Razón: John Locke y Montesquieu Durante la Ilustración en Europa (siglos XVII y XVIII), el pensamiento racional y el empirismo ganaron prominencia. John Locke, un filósofo inglés, influyó en la noción de derechos naturales y gobierno basado en el consentimiento de los gobernados.

Montesquieu, un pensador francés, desarrolló la teoría de la separación de poderes en su obra "El espíritu de las leyes", argumentando que un gobierno equilibrado requería una división de poderes para prevenir abusos.

3.   Enfoque en la Racionalidad en la Administración: Max Weber A principios del siglo XX, el sociólogo alemán Max Weber introdujo la noción de "autoridad racional-legal" en su teoría de la burocracia.

Destacó la importancia de las reglas racionales y la organización eficiente en la toma de decisiones y la gestión, lo que influyó en la forma en que se estructuraron muchas instituciones y organizaciones modernas.

4.   Teoría del Liderazgo Transformacional: James MacGregor Burns En la década de 1970, el politólogo estadounidense James MacGregor Burns desarrolló la teoría del liderazgo transformacional, que se basa en la idea de que los líderes efectivos inspiran a sus seguidores a alcanzar niveles más altos de motivación y moral a través de la comunicación, la Visión compartida y la inspiración. Este enfoque destaca la importancia de la Razón y la emoción en la influencia del líder.

5.   Enfoque en la Toma de Decisiones Racionales: Teoría de la Elección Racional A finales del siglo XX, la teoría de la elección racional en la economía y la ciencia política subrayó la toma de decisiones basada en la maximización de beneficios y el análisis lógico. Esta perspectiva también se aplicó al liderazgo, enfatizando la importancia de las decisiones informadas y racionales.

Estos son solo algunos ejemplos de cómo la importancia de la Razón ha sido resaltada en diferentes momentos históricos y teorías del liderazgo.

Cada uno de estos enfoques ha contribuido a la comprensión de cómo la Razón y el pensamiento crítico desempeñan un papel esencial en la toma de decisiones y el ejercicio del liderazgo efectivo.

2.	En qué consiste.

Situación actual:

Se explica en qué consiste el despertar de la Razón en el liderazgo y se analiza su relevancia en la situación actual. Se discuten los desafíos que los líderes enfrentan para tomar decisiones basadas en el análisis lógico y racional.

El pensamiento racional en el liderazgo en la actualidad:

En la actualidad, el pensamiento racional sigue siendo una habilidad esencial para los líderes. Los líderes deben ser capaces de analizar información, tomar decisiones basadas en evidencia y evaluar riesgos y beneficios.

El pensamiento crítico y el razonamiento lógico son fundamentales para el liderazgo efectivo en entornos empresariales y sociales complejos.

II) Desarrollo y propuesta

3.	Cómo hacerlo:

Se presentan herramientas y enfoques prácticos para despertar y desarrollar la Razón en el liderazgo.

Se abordan temas como la gestión de datos y la información, el análisis crítico, la resolución de problemas y la toma de decisiones basada en evidencias.

La Razón es una herramienta poderosa que puede utilizarse para tomar decisiones.

La Razón nos ayuda a pensar de forma lógica y racional. Nos ayuda a analizar la información y a tomar decisiones basadas en la evidencia.

La Razón también nos ayuda a resolver conflictos y a gestionar el cambio.

Sin embargo, la Razón no es suficiente para ser un buen líder.

La Razón puede ayudarnos a tomar decisiones lógicas y racionales, pero no puede ayudarnos a conectar con los demás y a inspirarlos.

Para ser un buen líder, necesitamos combinar la Razón con el Corazón. Necesitamos ser capaces de pensar de forma lógica y racional, pero también necesitamos ser capaces de conectar con los demás y de inspirarlos.

A lo largo de la historia, se han presentado diversas herramientas y enfoques prácticos para despertar y desarrollar la Razón en el liderazgo. Estas estrategias buscan fomentar la toma de decisiones informadas, el pensamiento crítico y la capacidad de resolver problemas de manera lógica y efectiva. Aquí hay algunos ejemplos de estas herramientas y enfoques:

1.   Diálogo Socrático y Método Mayéutico: Inspirado por el filósofo griego Sócrates, el diálogo socrático implica una serie de preguntas y respuestas diseñadas para llevar a los individuos a cuestionar sus creencias y llegar a conclusiones basadas en la razón. El método mayéutico, utilizado por Sócrates, consiste en ayudar a otros a dar a luz a sus propias ideas racionales a través de un proceso de interrogación y reflexión.

Sócrates: Filósofo griego conocido por su método de cuestionamiento dialéctico, que buscaba guiar a las personas hacia la verdad y el conocimiento a través de la reflexión y el diálogo.

2.   Pensamiento Sistémico: El enfoque del pensamiento sistémico impulsa a los líderes a considerar cómo las partes individuales de un sistema interactúan y afectan al conjunto.

Esta herramienta fomenta la comprensión de las complejas relaciones y conexiones en un sistema, lo que a su vez ayuda a los líderes a tomar decisiones más racionales y equilibradas.

Peter Senge: Autor de "La Quinta Disciplina" y defensor del pensamiento sistémico en la gestión y el liderazgo. Senge enfatiza la comprensión de las interconexiones en sistemas complejos.

3. Método Científico: El método científico implica la observación, la formulación de hipótesis, la experimentación y el análisis de resultados para llegar a conclusiones basadas en la evidencia. Este enfoque promueve la toma de decisiones basada en datos y pruebas, lo que es esencial para el liderazgo informado.

Francis Bacon: Filósofo y científico inglés conocido por su promoción del método científico inductivo, que enfatiza la observación y la experimentación sistemática.

Karl Popper: Filósofo de la ciencia que desarrolló la filosofía del falsacionismo, que destaca la importancia de formular hipótesis verificables y sometidas a prueba.

4. Análisis Costo-Beneficio: En el ámbito de la economía y la toma de decisiones, el análisis costo-beneficio implica sopesar los posibles costos y beneficios de diferentes opciones antes de tomar una decisión. Este enfoque lógico y cuantitativo ayuda a los líderes a evaluar las implicaciones de sus acciones de manera más racional.

Alfred Marshall: Economista británico conocido por su contribución al análisis económico y su enfoque en el equilibrio entre los costos y beneficios en la toma de decisiones.

5. Resolución de Problemas Estratégicos: Los enfoques estructurados para la resolución de problemas, como el método Kepner-Tregoe, ofrecen un marco sistemático para identificar problemas, analizar causas raíz y evaluar soluciones potenciales. Estos métodos fomentan un enfoque lógico y metódico para abordar desafíos complejos.

Charles Kepner y Benjamin Tregoe: Desarrolladores del método Kepner-Tregoe para la toma de decisiones y la resolución de problemas, que involucra la identificación de causas raíz y la evaluación sistemática de soluciones.

6. Debates y Discusiones Reflexivas: Fomentar debates y discusiones reflexivas entre líderes y miembros de un equipo puede llevar a la consideración de múltiples perspectivas y al cuestionamiento crítico. Esto ayuda a los líderes a tomar decisiones más informadas y basadas en la razón. John Stuart Mill: Filósofo y economista británico que promovió la importancia del debate y la discusión racional para la formación de opiniones y la búsqueda de la verdad.

7. Formación en Pensamiento Crítico: Programas de formación y desarrollo en pensamiento crítico proporcionan a los líderes las habilidades y herramientas necesarias para evaluar la información de manera objetiva, identificar sesgos y tomar decisiones basadas en la evidencia.

Richard Paul y Linda Elder: Autores y educadores que han contribuido significativamente a la promoción del pensamiento crítico a través de su trabajo en la Fundación para el Pensamiento Crítico.

8. Mentoría y Asesoramiento: La orientación de mentores y consejeros experimentados puede ayudar a los líderes a desarrollar habilidades de razonamiento y toma de decisiones.

Obtener retroalimentación constructiva y consejos de personas con experiencia puede enriquecer la perspectiva de un líder. Mentores y líderes experimentados: No hay un autor específico en este caso, ya que la mentoría y el asesoramiento a menudo se realizan de manera individualizada por líderes con experiencia en el campo.

Estas herramientas, representantes, autores y enfoques han sido utilizados a lo largo de la historia para promover el desarrollo de la Razón en el liderazgo, permitiendo a los líderes tomar decisiones más informadas, resolver problemas de manera lógica y ejercer un liderazgo más efectivo y equilibrado.

Cada uno de ellos ha contribuido a la comprensión y promoción de la toma de decisiones basada en la razón, el pensamiento crítico y la resolución de problemas en el contexto del liderazgo.

4.   Qué evitar:

Se identifican las trampas comunes que los líderes pueden enfrentar en relación con el uso de la razón.

Se proporcionan consejos para evitar el sobre análisis, la parálisis por análisis, la falta de flexibilidad y la falta de consideración de las emociones y las perspectivas de los demás.

Ciertamente, a lo largo de la historia, los líderes han enfrentado diversas trampas relacionadas con el uso de la Razón en la toma de decisiones y el liderazgo.

Aquí están algunas de las principales trampas, junto con consejos para evitarlas:

1. Sobre análisis:

Trampa: Los líderes pueden caer en la trampa de analizar en exceso las situaciones, lo que puede llevar a la procrastinación y la falta de acción.

Consejo: Establecer plazos realistas para la toma de decisiones. Definir un punto en el cual debes tomar una decisión basada en la información disponible en ese momento, incluso si no tienes todos los detalles.

2. Parálisis por Análisis:

Trampa: El miedo a cometer un error puede llevar a la parálisis, donde los líderes no pueden tomar decisiones importantes debido a la preocupación excesiva por las consecuencias negativas.

Consejo: Reconocer que todas las decisiones conllevan algún grado de riesgo. Evaluar los posibles resultados y toma decisiones informadas, pero no permitir que el miedo te impida avanzar.

3. Falta de Flexibilidad:

Trampa: Algunos líderes pueden apegarse a un enfoque rígido basado en la Razón y la planificación, lo que dificulta la adaptación a situaciones cambiantes.

Consejo: Mantener una mentalidad abierta y flexible. Reconocer que las circunstancias pueden cambiar y que a veces es necesario ajustar tus planes y enfoques en función de la realidad actual.

4. Falta de Consideración de Emociones y Perspectivas de los Demás:

Trampa: Al enfocarse únicamente en la lógica y el análisis, los líderes pueden descuidar las emociones y perspectivas de los miembros del equipo, lo que puede generar descontento y resistencia.

Consejo: Practicar la empatía al escuchar y comprender las preocupaciones y perspectivas de los demás. Considerar cómo las decisiones afectan emocionalmente a las personas involucradas.

5. Ignorar Intuiciones Valiosas:

Trampa: Algunos líderes pueden desestimar la intuición y las corazonadas en favor de un enfoque puramente racional, lo que puede hacer que pierdan información valiosa.

Consejo: Reconocer que la intuición también puede ser una fuente de información importante. Combinar la intuición con el análisis lógico para tomar decisiones más completas.

6. Obsesión por la Perfección:

Trampa: La búsqueda constante de la solución perfecta puede llevar a la demora y a la insatisfacción continua con las decisiones tomadas.

Consejo: Aceptar que la perfección es difícil de lograr en muchas situaciones. En lugar de eso, buscar soluciones sólidas y razonables que aborden los desafíos de manera efectiva.

En general, el equilibrio entre el análisis lógico y la consideración de las emociones y perspectivas de los demás es esencial para un liderazgo efectivo.

Los líderes deben ser conscientes de estas trampas comunes y esforzarse por cultivar un enfoque equilibrado que aproveche tanto la Razón como la intuición, y que fomente la toma de decisiones informadas y adaptativas.

III) Conclusiones y reflexiones

5. Para qué es importante:

Se resaltan los beneficios de despertar la Razón en el liderazgo, como la capacidad de tomar decisiones fundamentadas, analizar situaciones complejas, identificar oportunidades y desafíos, y promover un enfoque basado en la objetividad y el razonamiento lógico.

Y de esta forma sustentar la toma de decisiones de una forma racional y lógica.

Despertar la Razón en el liderazgo conlleva una serie de beneficios significativos que influyen en la toma de decisiones, la gestión de situaciones complejas y la creación de un entorno de trabajo más efectivo. Aquí están algunos de los beneficios clave:

• Toma de Decisiones Fundamentadas:

Desarrollar la capacidad de razonar y analizar permite a los líderes tomar decisiones informadas. La consideración de datos objetivos y lógicos ayuda a evitar decisiones impulsivas y contribuye a resultados más coherentes y efectivos.

• Análisis de Situaciones Complejas:

La Razón permite a los líderes descomponer situaciones complejas en componentes manejables. Pueden identificar causas raíz, relaciones y patrones, lo que facilita el desarrollo de estrategias efectivas para abordar desafíos.

• Identificación de Oportunidades y Desafíos:

Una mente razonada puede identificar oportunidades que podrían pasarse por alto en una evaluación superficial.

Los líderes que utilizan el razonamiento lógico también pueden anticipar y prepararse mejor para los posibles desafíos.

• Enfoque Basado en Objetividad:

Al usar la razón, los líderes pueden separar sus emociones personales de la toma de decisiones.

Esto conduce a una mayor objetividad y evita la influencia negativa de prejuicios o impulsos emocionales.

• Razonamiento Lógico y Resolución de Problemas:

Desarrollar la capacidad de razonar lógicamente permite a los líderes abordar problemas de manera estructurada. Pueden identificar soluciones factibles, evaluar pros y contras, y seleccionar la mejor opción basada en datos y análisis.

• Comunicación Clara y Persuasiva:

Un líder que comprende y puede explicar de manera lógica y coherente sus decisiones y estrategias puede comunicarse de manera más clara y persuasiva con su equipo y otras partes interesadas.

• Fomento de la Confianza:

La toma de decisiones basada en la Razón y el análisis contribuye a la confianza en el liderazgo.

Los seguidores ven al líder como alguien que considera cuidadosamente las opciones y elige la más adecuada.

• Mejora del Proceso de Toma de Decisiones:

Despertar la Razón en el liderazgo mejora la calidad y eficiencia de las decisiones.

Los líderes pueden evaluar rápidamente información relevante y tomar medidas decisivas en lugar de quedar atrapados en un ciclo de indecisión.

- Adaptabilidad y Flexibilidad:

El pensamiento razonado permite a los líderes ser más adaptables y flexibles ante cambios inesperados. Pueden analizar nuevas circunstancias y ajustar sus enfoques de manera informada.

- Liderazgo Inspirador y Efectivo:

Los líderes que emplean la Razón no solo toman decisiones sólidas, sino que también establecen ejemplos inspiradores para sus seguidores. Su enfoque basado en la objetividad y el razonamiento lógico puede motivar a otros a tomar decisiones más informadas.

En conjunto, despertar la Razón en el liderazgo proporciona una base sólida para la toma de decisiones eficaz, el liderazgo inspirador y la resolución efectiva de problemas, contribuyendo en última instancia al éxito tanto personal como organizacional.

6.   Escenarios futuros:

Se exploran los posibles escenarios futuros en los que el despertar de la Razón sea aún más relevante en el liderazgo.

Se discutirán las demandas cambiantes del entorno empresarial y social, y cómo los líderes deberán adaptarse y utilizar la Razón de manera efectiva para enfrentar esos desafíos.

Se plantearán posibles estrategias y enfoques para desarrollar esta habilidad. Posibles Escenarios Futuros en los que el Despertar de la Razón sea Relevante en el Liderazgo:

Avances Tecnológicos y Automatización: A medida que la tecnología continúa avanzando, los líderes necesitarán tomar decisiones informadas sobre la adopción de nuevas tecnologías y la automatización en sus operaciones.

Cambio Climático y Sostenibilidad: Los líderes enfrentarán desafíos relacionados con la sostenibilidad y la responsabilidad ambiental.

Tomar decisiones racionales sobre la reducción de la huella de carbono y la implementación de prácticas sostenibles.

Globalización y Diversidad: En un mundo cada vez más globalizado y diverso, los líderes deberán comprender las complejidades culturales y sociales para tomar decisiones que fomenten la colaboración y la inclusión.

Incertidumbre Económica: En períodos de incertidumbre económica, los líderes deberán tomar decisiones financieras para asegurar la supervivencia de sus organizaciones.

Salud y Bienestar en el Lugar de Trabajo: El enfoque en la salud y el bienestar de los empleados requerirá decisiones basadas en datos para implementar políticas y prácticas que promuevan un ambiente laboral saludable.

Demandas Cambiantes del Entorno Empresarial y Social y Cómo los Líderes Deberán Adaptarse:

Mayor Agilidad y Flexibilidad: Los líderes deberán ser ágiles en su toma de decisiones para adaptarse rápidamente a los cambios del mercado y del entorno empresarial.

Gestión de Datos y Tecnología: La gestión efectiva de datos y la comprensión de la tecnología serán esenciales para tomar decisiones basadas en información precisa y relevante.

Inteligencia Emocional y Empatía: A medida que la diversidad y la inclusión se vuelven más importantes, los líderes deberán combinar la Razón con la inteligencia emocional y la empatía para promover un entorno de trabajo inclusivo y colaborativo.

Estrategias de Sostenibilidad y Responsabilidad Social: Los líderes deberán comprender las implicaciones ambientales y sociales de sus decisiones y considerar cómo contribuyen a la sostenibilidad y el bienestar general.

Posibles Estrategias y Enfoques para Desarrollar la Habilidad de Liderazgo Racional:

Formación en Pensamiento Crítico: Proporcionar capacitación en pensamiento crítico ayuda a los líderes a evaluar información de manera objetiva y a tomar decisiones informadas.

Mentoría y Coaching: Obtener orientación de líderes experimentados puede ayudar a desarrollar habilidades de toma de decisiones basadas en la Razón y el análisis.

Fomentar la Diversidad de Perspectivas: La diversidad de opiniones y experiencias en el equipo puede enriquecer la toma de decisiones al considerar una variedad de puntos de vista racionales.

Aplicación de Métodos de Resolución de Problemas: Introducir métodos estructurados como el análisis de causa raíz y el pensamiento de diseño puede mejorar la habilidad de resolver problemas de manera lógica.

Promover la Autenticidad y la Comunicación Abierta: Un ambiente donde los líderes pueden expresar sus opiniones y preocupaciones fomenta la toma de decisiones racionales y la colaboración efectiva.

Aprendizaje Continuo: Mantenerse actualizado con los avances en diversas áreas, desde tecnología hasta ciencias sociales, permite a los líderes tomar decisiones más informadas y adaptadas.

Evaluar Decisiones Pasadas: Analizar decisiones pasadas y su resultado puede proporcionar retroalimentación valiosa para mejorar la toma de decisiones futuras.

Practicar la Escucha Activa: Escuchar cuidadosamente a los demás permite a los líderes comprender mejor diferentes perspectivas y considerarlas en sus decisiones. En última instancia, los líderes del futuro deberán equilibrar la Razón con la intuición, la inteligencia emocional y la adaptabilidad para enfrentar los desafíos cambiantes y tomar decisiones efectivas en entornos empresariales y sociales cada vez más complejos.

Proyecciones del pensamiento racional en el liderazgo a futuro:

En el futuro, el pensamiento racional seguirá siendo relevante, pero también se valorará la capacidad de los líderes para equilibrar la Razón con otros aspectos del liderazgo, como la intuición y la creatividad. Los líderes del futuro deberán ser capaces de comprender el panorama general, conectarse con las emociones de las personas y tomar decisiones basadas en un enfoque holístico.   La combinación del pensamiento racional con la empatía y la comprensión emocional será fundamental para un liderazgo equilibrado y efectivo.

"No hay límites para lo que puedes lograr,   excepto los límites

que tú mismo colocas en tu pensamiento."

Brian Tracy (Empresario y Autor, Siglo XXI)

Capítulo 3: El poder de las emociones

I) Planteamiento y postura

1. Antecedentes:

En este capítulo, se exploran los antecedentes históricos y teóricos que han destacado la importancia de las emociones en el liderazgo.

Se analizan las investigaciones y teorías que demuestran cómo las emociones influyen en la motivación, el compromiso y el desempeño de los equipos.

Antecedentes históricos y teóricos:

La consideración de las emociones en el liderazgo ha experimentado un desarrollo significativo a lo largo de la historia. Sin embargo, fue en las últimas décadas del siglo XX cuando surgieron teorías específicas que resaltaron la importancia de las emociones en la dinámica del liderazgo.

Liderazgo Transaccional y Transformacional: En las décadas de 1970 y 1980, Bernard Bass y James MacGregor Burns presentaron las teorías del liderazgo transaccional y transformacional, respectivamente.

Burns destacó cómo los líderes transformacionales motivan e inspiran a través de la conexión emocional y la Visión compartida. Esta teoría sentó las bases para una mayor atención a la dimensión emocional del liderazgo.

Inteligencia Emocional: A mediados de la década de 1990, Daniel Goleman popularizó el concepto de inteligencia emocional (IE) en el liderazgo a través de su libro homónimo.

Goleman enfatizó cómo las habilidades emocionales, como la autoconciencia, la autorregulación emocional y la empatía, son esenciales para el liderazgo efectivo y pueden influir en la motivación y el desempeño de los equipos.

Liderazgo Auténtico: A finales de los años 90, Bill George introdujo el concepto de liderazgo auténtico, que se centra en la autenticidad emocional de los líderes.

George argumenta que los líderes auténticos son conscientes de sus propias emociones y valores, lo que les permite crear relaciones genuinas y confiables con sus seguidores.

Influencia en la motivación, el compromiso y el desempeño de los equipos:

Teoría del Liderazgo Transformacional: Esta teoría resalta cómo los líderes que expresan emociones positivas comunican una Visión inspiradora y fomentan la confianza, además pueden aumentar la motivación intrínseca de los miembros del equipo.

El compromiso se fortalece debido a la conexión emocional que se establece entre el líder y los seguidores.

Teoría de la Autodeterminación: Los líderes que satisfacen las necesidades psicológicas básicas de autonomía, competencia y relación contribuyen a la motivación intrínseca de los miembros del equipo.

Al brindar autonomía y apoyo emocional, los líderes pueden mejorar la calidad de la motivación y el compromiso.

Liderazgo Auténtico: Los líderes auténticos, al ser emocionalmente conscientes y genuinos, pueden generar un ambiente de trabajo emocionalmente seguro. Esto puede resultar en equipos más comprometidos y dispuestos a contribuir activamente, ya que se sienten valorados y comprendidos.

Liderazgo Emocional: Época, País y Representantes Principales:

La corriente del liderazgo emocional ganó prominencia en las décadas de 1990 y 2000. Su influencia se extendió a nivel internacional y no estuvo ligada a un país específico, sino más bien a un movimiento global en el ámbito de la psicología organizacional y el liderazgo.

Representantes clave en esta corriente incluyen a Daniel Goleman, quien popularizó el concepto de inteligencia emocional en el liderazgo; Richard Boyatzis y Annie McKee, quienes han trabajado en la aplicación práctica de la inteligencia emocional en el liderazgo y el desarrollo organizacional; y Bill George, quien promovió el liderazgo auténtico.

En resumen, la corriente del liderazgo emocional ha surgido como una respuesta al reconocimiento de la importancia de las emociones en el liderazgo efectivo. A través de teorías como el liderazgo transformacional, la inteligencia emocional y el liderazgo auténtico, se ha demostrado cómo las emociones influyen en la motivación, el compromiso y el desempeño de los equipos en diversos contextos organizacionales y culturales.

Génesis del reconocimiento de las emociones en el liderazgo:

Históricamente, las emociones no recibieron mucha atención en el contexto del liderazgo.

Sin embargo, a medida que la psicología y la investigación avanzaron, se descubrió que las emociones desempeñan un papel crucial en la toma de decisiones, la motivación y la creación de relaciones efectivas.

Se reconoció que los líderes que comprenden y gestionan las emociones propias y de los demás pueden generar un mayor compromiso y bienestar en sus equipos.

En el pasado, las emociones no recibieron mucha atención en el ámbito del liderazgo debido a una serie de razones que reflejaban las perspectivas y enfoques predominantes en ese momento. Algunas de estas razones incluyen:

1.   Énfasis en la Racionalidad: Durante gran parte de la historia, la concepción dominante del liderazgo estaba arraigada en la idea de que los líderes debían ser racionales, objetivos y distantes emocionalmente para tomar decisiones eficaces y mantener la autoridad. Se creía que las emociones podían ser perjudiciales para la toma de decisiones objetivas y efectivas.

2.   Foco en las Tareas y Resultados: Los enfoques tradicionales del liderazgo se centraban en la eficiencia, la productividad y el logro de resultados concretos. Las emociones se percibían como irrelevantes o incluso como un obstáculo para alcanzar estos objetivos.

Los líderes eran evaluados principalmente por su capacidad para lograr metas y no tanto por su habilidad para gestionar las emociones y las relaciones.

3.   Cultura Organizacional Jerárquica: Muchas organizaciones mantenían una estructura jerárquica rígida, donde el liderazgo se asociaba con el control y la autoridad. En este contexto, la expresión emocional se consideraba inapropiada para los líderes, ya que podría debilitar su imagen de autoridad y poder.

4.   Enfoque en la Psicología del Trabajo: En los primeros estudios sobre psicología del trabajo y liderazgo, las emociones no eran un tema central. En su lugar, la atención se centraba en aspectos más prácticos, como la eficiencia laboral y la estructura organizativa.

Sin embargo, a medida que la psicología y la investigación científica avanzaron, se empezó a reconocer cada vez más el papel crucial de las emociones en diversos aspectos de la vida humana, incluido el liderazgo. Las ciencias del comportamiento revelaron que las emociones influyen en la toma de decisiones, la motivación y la formación de relaciones efectivas. Investigaciones en psicología y neurociencia demostraron cómo las emociones no solo afectan la cognición, sino que también pueden influir en la percepción, la memoria y la toma de decisiones.

A medida que estas ideas ganaron terreno, surgieron enfoques como la inteligencia emocional, que proponían que el conocimiento y la gestión de las emociones eran esenciales para el liderazgo efectivo. Se reconocía que los líderes que podían comprender y manejar sus propias emociones, así como las emociones de los demás, tenían más probabilidades de generar un mayor compromiso y bienestar en sus equipos.

Estos enfoques comenzaron a transformar la forma en que se veía el liderazgo, promoviendo una mayor atención a las dimensiones emocionales y relacionales en lugar de simplemente centrarse en los aspectos técnicos y de tareas.

La psicología y las ciencias del comportamiento desempeñan un papel fundamental en el liderazgo al proporcionar una comprensión profunda de cómo las personas piensan, sienten y se comportan.

Estas disciplinas son vitales para una variedad de aspectos del liderazgo, incluyendo la toma de decisiones, la motivación y la formación de relaciones efectivas. Aquí se explora su importancia en estos aspectos clave:

1. Toma de Decisiones:

Emociones en la Toma de Decisiones: La psicología ha demostrado que las emociones desempeñan un papel crítico en la toma de decisiones.

Los líderes que comprenden cómo las emociones pueden influir en las decisiones pueden tomar medidas para garantizar que las decisiones sean equilibradas y basadas en evidencia.

Heurísticas y Sesgos: La psicología identifica heurísticas (atajos mentales) y sesgos cognitivos que pueden llevar a la toma de decisiones subóptimas.

Los líderes conscientes de estos sesgos pueden tomar medidas para evitarlos y tomar decisiones más efectivas.

2. Motivación:

Teorías de la Motivación: Las teorías de la motivación desarrolladas en la psicología, como la Teoría de la Autodeterminación, ayudan a los líderes a comprender las necesidades y motivaciones de sus empleados.

Esto permite diseñar estrategias de liderazgo que fomenten la motivación intrínseca y el compromiso.

Recompensas y Refuerzos: La psicología del comportamiento ofrece perspectivas sobre cómo utilizar recompensas y refuerzos para motivar y reforzar el comportamiento deseado en los equipos.

3. Formación de Relaciones Efectivas:

Inteligencia Emocional: La inteligencia emocional, un concepto central en la psicología, es esencial para formar relaciones efectivas.

Los líderes con alta inteligencia emocional son hábiles en la comprensión y la gestión de sus propias emociones y las de los demás, lo que mejora la comunicación y la empatía.

Teoría del Apego: La teoría del apego, desarrollada en psicología, puede ayudar a los líderes a comprender cómo las relaciones de apego influyen en la dinámica de los equipos y cómo pueden promover relaciones seguras y efectivas.

Comunicación Efectiva: La psicología de la comunicación ofrece insights sobre cómo comunicarse de manera efectiva, escuchar activamente y adaptar el mensaje a la audiencia.

Negociación y Resolución de Conflictos: La psicología de la negociación y la resolución de conflictos proporciona estrategias para manejar situaciones difíciles y llegar a acuerdos beneficiosos para todas las partes.

En resumen, la psicología y las ciencias del comportamiento son fundamentales para el liderazgo efectivo. Comprender las emociones en la toma de decisiones, motivar a los equipos y formar relaciones efectivas son habilidades críticas para los líderes en cualquier entorno.

Al aplicar los principios y conocimientos de la psicología y las ciencias del comportamiento, los líderes pueden mejorar su capacidad para liderar con éxito y promover un ambiente de trabajo saludable y productivo.

La evolución de la investigación científica y la comprensión de las emociones como factores fundamentales en el comportamiento humano y la toma de decisiones contribuyeron a cambiar la perspectiva del liderazgo, reconociendo la importancia de las emociones en la motivación, el compromiso y la efectividad de los equipos.

Por supuesto, además de la psicología, varias disciplinas dentro de las neurociencias han contribuido a dar una mejor explicación al liderazgo emocional, proporcionando una comprensión más profunda de cómo las emociones influyen en el comportamiento y en la toma de decisiones. A continuación, se describen algunas de estas disciplinas, sus principales autores, representantes y sus aportaciones al liderazgo emocional:

Neurociencia Afectiva: Esta disciplina se enfoca en comprender cómo el cerebro procesa las emociones y cómo estas afectan el comportamiento humano. La neurociencia afectiva es esencial para el estudio del liderazgo emocional ya que proporciona información sobre las bases biológicas y neuronales de las emociones y su influencia en la toma de decisiones y la interacción social.

Principales Autores y Aportaciones:

Joseph LeDoux: Neurocientífico estadounidense, conocido por sus investigaciones sobre la amígdala y su papel en el procesamiento y la memoria emocionales.

Antonio Damasio: Neurocientífico portugués-estadounidense, famoso por su trabajo sobre el papel de las emociones en la toma de decisiones racionales y la conexión entre las emociones y los procesos cognitivos.

Richard Davidson: Neurocientífico estadounidense que ha investigado extensamente las bases neuronales de las emociones y la regulación emocional, y cómo estas influyen en el bienestar mental.

Neuroeconomía: Esta disciplina busca entender cómo el cerebro procesa la información relacionada con las decisiones económicas y cómo las emociones influyen en el proceso de toma de decisiones, incluyendo aquellas relacionadas con el liderazgo y la gestión de equipos.

Principales Autores y Aportaciones:

Paul Glimcher: Neurocientífico estadounidense conocido por sus investigaciones en neuroeconomía y cómo las emociones y la recompensa influyen en la toma de decisiones económicas.

Colin Camerer: Economista y neurocientífico estadounidense que ha estudiado la neuroeconomía y cómo las emociones y la cognición interactúan en la toma de decisiones.

Neuroliderazgo: Esta disciplina es más reciente y busca aplicar los conocimientos de la neurociencia al ámbito del liderazgo, explorando cómo el cerebro humano responde al liderazgo y cómo los líderes pueden utilizar este conocimiento para mejorar su efectividad.

Principales Autores y Aportaciones:

David Rock: Autor y consultor australiano que ha popularizado el concepto de "neuroliderazgo", enfocándose en cómo los principios de la neurociencia pueden informar sobre las prácticas de liderazgo para generar un mejor rendimiento y bienestar en los equipos.

Jeffrey Schwartz: Psiquiatra y neurocientífico estadounidense que ha explorado cómo las técnicas de autorregulación mental pueden mejorar el liderazgo y el desempeño organizacional.

Estas disciplinas y autores han contribuido significativamente a la comprensión de cómo las emociones y la neurociencia influyen en el liderazgo emocional.

A medida que la investigación en estas áreas avanza, se obtiene una Visión más completa de cómo el cerebro y las emociones interactúan en la toma de decisiones, la motivación y la construcción de relaciones efectivas en el contexto del liderazgo.

2.   En qué consiste.

Situación actual:

Se explica en qué consiste el reconocimiento y manejo de las emociones en el liderazgo, y se analiza su relevancia en la situación actual.

Se abordan los desafíos que los líderes enfrentan al lidiar con las emociones propias y las de los demás, considerando la diversidad y la complejidad de los entornos laborales.

Reconocimiento y Manejo de las Emociones en el Liderazgo:

El reconocimiento y manejo de las emociones en el liderazgo se refieren a la capacidad de los líderes para identificar, comprender y gestionar tanto sus propias emociones como las emociones de los demás en un entorno laboral.

Implica la habilidad de generar empatía, regular las respuestas emocionales y utilizar estrategias efectivas para influir en el comportamiento y las relaciones de manera positiva.

Relevancia en la Situación Actual:

En la actualidad, la relevancia del reconocimiento y manejo de las emociones en el liderazgo es más pronunciada que nunca.

Los entornos laborales contemporáneos son cada vez más diversos y cambiantes, lo que exige a los líderes una mayor adaptabilidad y sensibilidad hacia las emociones de sus equipos.

Además, el trabajo remoto y las dinámicas virtuales han destacado la necesidad de una comunicación emocional efectiva para mantener el compromiso y la cohesión del equipo.

Desafíos en el Reconocimiento y Manejo de Emociones:

1.   Diversidad Emocional: Los entornos laborales son diversos en términos de culturas, personalidades y antecedentes individuales.

Los líderes deben ser capaces de reconocer y manejar una amplia gama de emociones, evitando la aplicación de un enfoque único para todos.

2.   Inteligencia Cultural: En contextos globales, los líderes deben entender las diferencias culturales en la expresión y percepción de las emociones.

Lo que se considera apropiado en una cultura puede ser malinterpretado en otra.

3.   Gestión del Estrés: Los líderes a menudo enfrentan presiones y responsabilidades significativas, lo que puede llevar a niveles elevados de estrés. Gestionar sus propias emociones bajo presión es esencial para mantener la claridad y la toma de decisiones efectiva.

4.   Comunicación Virtual: La comunicación en línea puede dificultar la detección de las señales emocionales no verbales. Los líderes deben esforzarse por ser más conscientes de las señales verbales y no verbales en un entorno virtual.

5.   Resolución de Conflictos: Manejar conflictos emocionales y emociones intensas en un equipo puede ser desafiante. Los líderes deben ser hábiles en mediar y resolver conflictos de manera empática y constructiva.

6.   Autenticidad: Los líderes deben encontrar el equilibrio entre mostrar autenticidad emocional y mantener la profesionalidad. Ser demasiado emocional o insensible puede afectar la percepción de su liderazgo.

En conclusión, el reconocimiento y manejo de las emociones en el liderazgo son críticos para promover relaciones efectivas y un ambiente de trabajo positivo.

Los líderes capaces de comprender y gestionar sus propias emociones, así como las emociones de los demás, están mejor posicionados para fomentar la motivación, el compromiso y el rendimiento de los equipos en entornos laborales cada vez más diversos y cambiantes.

Sin embargo, enfrentar los desafíos emocionales en estas situaciones requiere una combinación de habilidades emocionales, inteligencia cultural y adaptabilidad.

El poder de las emociones en el liderazgo en la actualidad:

En la actualidad, se ha vuelto evidente que el liderazgo efectivo implica el reconocimiento y la gestión de las emociones.

Los líderes emocionalmente inteligentes son capaces de leer las señales emocionales de su equipo, mostrar empatía y crear un entorno de trabajo positivo.

Al comprender cómo las emociones afectan el rendimiento y la satisfacción de los empleados, los líderes pueden motivar, inspirar y generar un mayor compromiso.

Lectura de Señales Emocionales:

Los líderes emocionalmente inteligentes tienen la habilidad de leer las señales emocionales de su equipo de manera efectiva.

Esto implica estar atentos a las expresiones faciales, el lenguaje corporal, el tono de voz y las palabras utilizadas por los miembros del equipo.

Algunas formas en las que los líderes logran esto son:

1.   Observación Activa: Prestan atención a las señales no verbales y verbales durante las interacciones con los miembros del equipo. Esto les permite detectar cambios sutiles en el estado emocional de los demás.

2.   Escucha Empática: Escuchan con empatía y están abiertos a comprender no solo lo que se dice, sino también cómo se sienten las personas.

Esto les permite captar las emociones subyacentes en las conversaciones.

3.   Preguntas Reflexivas: Hacen preguntas abiertas que invitan a los miembros del equipo a compartir sus pensamientos y emociones.

Esto ayuda a profundizar en la comprensión de la situación emocional de cada individuo.

Mostrar Empatía:

La empatía es esencial para los líderes emocionalmente inteligentes, ya que les permite conectarse emocionalmente con los demás y comprender sus perspectivas y sentimientos. Para mostrar empatía, los líderes:

1.   Validan las Emociones: Reconocen y validan las emociones de los miembros del equipo, lo que ayuda a crear un ambiente donde las personas se sienten escuchadas y comprendidas.

2.   Comparten Experiencias: Pueden compartir sus propias experiencias personales relevantes para demostrar que comprenden cómo se siente alguien en una situación particular.

3.   Ofrecen Apoyo: Brindan apoyo emocional y, cuando es apropiado, ofrecen ayuda o recursos para abordar las preocupaciones o desafíos emocionales.

Creación de un Entorno de Trabajo Positivo:

Los líderes emocionalmente inteligentes juegan un papel crucial en establecer un entorno de trabajo positivo donde las emociones se manejan de manera saludable.

Para lograrlo:

1.   Modelan Comportamiento Positivo: Los líderes establecen el tono al mostrar emociones positivas y manejar de manera constructiva las emociones negativas en situaciones desafiantes.

2.   Fomentan la Apertura: Crean un ambiente donde los miembros del equipo se sienten cómodos compartiendo sus pensamientos y emociones sin temor a juicio.

3.   Ofrecen Retroalimentación Constructiva: Proporcionan retroalimentación que equilibra la crítica con el reconocimiento de los logros, lo que contribuye a mantener una perspectiva emocionalmente saludable.

Impacto en la Motivación, Inspiración y Compromiso:

Los líderes emocionalmente inteligentes utilizan su comprensión de las emociones para motivar e inspirar a sus equipos de manera efectiva.

Al reconocer las emociones y las necesidades de sus miembros:

1. Motivación Intrínseca: Pueden identificar qué aspectos intrínsecos motivan a cada individuo y adaptar las tareas y responsabilidades en consecuencia.

2. Inspiración: Transmiten una Visión inspiradora que resuena emocionalmente con los miembros del equipo, generando un sentido de propósito y dirección compartidos.

3. Compromiso: Al mostrar empatía y preocupación genuina, crean un sentido de conexión y pertenencia que fomenta el compromiso y la lealtad de los empleados.

En resumen, los líderes emocionalmente inteligentes tienen la capacidad de leer las señales emocionales, mostrar empatía y crear un entorno de trabajo positivo.

Su comprensión de cómo las emociones afectan el rendimiento y la satisfacción de los empleados les permite motivar, inspirar y generar un mayor compromiso, lo que contribuye a un equipo más productivo y satisfecho.

II) Desarrollo y propuesta

3. Cómo hacerlo:

Se presentan estrategias para desarrollar la inteligencia emocional y manejo de emociones.

Temas como la autoconciencia emocional, gestión del estrés, empatía y comunicación emocionalmente inteligente.

Las emociones son una parte fundamental de la experiencia humana. Las emociones nos ayudan a conectar con los demás, a tomar decisiones y a motivarnos.

En el mundo del liderazgo, las emociones pueden ser una fuerza poderosa.

Las emociones pueden ayudarnos a conectar con los demás, a inspirarlos y a motivarlos.

Sin embargo, las emociones también pueden ser una fuerza destructiva. Las emociones pueden llevarnos a tomar decisiones impulsivas, a cometer errores y a destruir relaciones.

Para ser un buen líder, necesitamos aprender a controlar nuestras emociones.

Necesitamos ser capaces de utilizar nuestras emociones para nuestro beneficio, pero también necesitamos ser capaces de controlarlas cuando se vuelven contra nosotros.

Desarrollo de la Inteligencia Emocional y Manejo de Emociones:

El desarrollo de la inteligencia emocional y el manejo de emociones es un proceso continuo que requiere autoconciencia, práctica y compromiso.

Aquí hay algunas estrategias para fortalecer estas habilidades:

1. Autoconciencia Emocional:

Autoexploración: Dedicar tiempo para reflexionar sobre tus emociones y su origen. Preguntar qué te hace sentir ciertas emociones y cómo se manifiestan en tu cuerpo.

Lleva un Diario Emocional: Llevar un registro de tus emociones a lo largo del día. Identificar patrones y eventos que desencadenan respuestas emocionales específicas.

Mindfulness: Practicar la atención plena para estar consciente del momento presente.

Esto ayuda a reconocer y aceptar las emociones sin juicio.

2. Gestión del Estrés:

Técnicas de Relajación: Aprender y practicar técnicas de relajación como la respiración profunda, la meditación o el yoga para reducir el estrés y regular tus emociones.

Gestión del Tiempo: Organizar las tareas y prioridades para evitar el agotamiento y el estrés excesivo.

Establece Límites: Aprender a decir "no" de manera respetuosa y establecer límites saludables para evitar la sobrecarga emocional.

3. Empatía:

Escucha Activa: Prestar atención completa cuando otros hablen. Escuchar no solo las palabras, sino también las emociones subyacentes, ayuda a comprender mejor a los demás.

Perspectiva Ajena: Tratar de ponerse en el lugar de los demás para comprender sus sentimientos, experiencias y puntos de vista.

Práctica de Preguntas Empáticas: Preguntar cómo se sienten y qué piensan los demás. Esto demuestra el interés y disposición para entender sus emociones.

4. Comunicación Emocionalmente Inteligente:

Expresión Clara: Comunicar las propias emociones de manera clara y respetuosa. Usa "yo" en lugar de "tú" para evitar culpar o juzgar.

Escucha Reflexiva: Responder a las emociones expresadas por los demás de manera reflexiva. Por ejemplo, "Parece que estás sintiendo frustración por esta situación".

Feedback Constructivo: Proporcionar retroalimentación que sea específica y orientada hacia la mejora, evitando comentarios que puedan ser percibidos como críticos.

5. Reconocimiento de la Importancia de las Emociones:

Educación Emocional: Aprender sobre la función y el propósito de las emociones en la experiencia humana. Reconocer que las emociones son señales valiosas que pueden proporcionar información importante.

Validación de Emociones: Alentar a los demás a expresar sus emociones sin temor al juicio. Validar sus sentimientos y demuestra que te importa cómo se sienten.

Es fundamental comprender que las emociones son una parte esencial de la experiencia humana. No son buenas ni malas en sí mismas, sino que proporcionan información sobre nuestras necesidades y valores.

Al desarrollar la inteligencia emocional y el manejo de emociones, no solo mejoramos nuestras relaciones y comunicación, sino que también aumentamos nuestra capacidad para tomar decisiones informadas y para motivarnos hacia metas significativas.

4.   Qué evitar:

Se identifican los errores comunes relacionados con el manejo de las emociones.

Se proporcionan consejos para evitar la falta de control emocional, la insensibilidad hacia los demás y la manipulación emocional.

Posibles Errores Comunes en el Manejo de Emociones:

1.   Falta de Control Emocional: Perder la calma en situaciones estresantes o expresar emociones de manera desproporcionada puede afectar la percepción de los demás sobre tu liderazgo.

2.   Insensibilidad Hacia los Demás: Ignorar o minimizar las emociones de los demás puede crear un ambiente de trabajo poco empático y afectar la confianza en el liderazgo.

3.   Manipulación Emocional: Utilizar las emociones de los demás para obtener ventaja personal o controlar situaciones es un error grave que puede erosionar la confianza y el respeto.

Consejos para Evitar Estos Errores:

1.   Desarrolla Autoconciencia: Reconoce tus propias emociones y aprende a identificar cuándo estás experimentando una respuesta emocional intensa. Practica técnicas de regulación emocional, como la respiración profunda, para mantener la calma en situaciones desafiantes.

2.   Escucha Activa y Empatía: Presta atención genuina a las emociones de los demás. Escuchar y validar sus sentimientos muestra que te preocupas por su bienestar emocional y fomenta una comunicación abierta.

3.   Comunicación Transparente: Sé honesto sobre tus propias emociones y comunica tus expectativas de manera clara. Evita ocultar tus sentimientos o usar la ambigüedad para manipular situaciones.

4.   Toma de Decisiones Reflexiva: Antes de tomar decisiones impulsivas basadas en emociones intensas, tómate un tiempo para reflexionar y considerar las consecuencias a largo plazo.

5.   Desarrolla Inteligencia Emocional: Aprende a comprender y gestionar tus propias emociones. Esto te permitirá ser más consciente de cómo tus emociones pueden influir en tus acciones y decisiones.

6.   Aprende de las Experiencias: Reflexiona sobre situaciones en las que hayas enfrentado desafíos emocionales. Identifica lo que funcionó y lo que no, y busca formas de mejorar tu manejo emocional en el futuro.

7.   Crea un Ambiente Seguro: Fomenta un ambiente donde los miembros del equipo se sientan cómodos compartiendo sus emociones sin temor a juicio.

La apertura emocional promueve la confianza y la cooperación.

8.   Practica la Empatía: Ponerte en el lugar de los demás y tratar de entender sus perspectivas puede ayudarte a evitar la insensibilidad y fomentar relaciones más saludables.

9.   Toma Responsabilidad: Si cometes errores relacionados con el manejo de emociones, asume la responsabilidad y discúlpate si es necesario.

Reconocer tus errores demuestra humildad y fortalece tu relación con los demás.

10.   Enfócate   en   Soluciones: Cuando   enfrentes   situaciones emocionales difíciles, concéntrate en encontrar soluciones constructivas en lugar de enfocarte en las emociones negativas.

Recuerda que el manejo de las emociones es un proceso continuo de aprendizaje y autodescubrimiento.

Al aplicar estos consejos, puedes evitar los errores comunes y cultivar un liderazgo emocionalmente inteligente y efectivo.

III) Conclusiones y reflexiones

5.   Para qué es importante:

Se resaltan los beneficios de reconocer y manejar las emociones en el liderazgo, como la capacidad de generar confianza, motivar a los equipos, resolver conflictos de manera constructiva y fomentar un ambiente de trabajo positivo y colaborativo.

Beneficios del Reconocimiento y Manejo de Emociones en el Liderazgo:

1.   Generación de Confianza: Los líderes que reconocen y manejan sus propias emociones y las de los demás generan confianza. La autenticidad y la empatía emocional crean relaciones más sólidas y confiables.

2.   Motivación del Equipo: Los líderes emocionalmente inteligentes pueden identificar las fuentes de motivación intrínseca de sus empleados.

Al entender sus necesidades emocionales, pueden diseñar tareas y desafíos que generen un mayor compromiso y entusiasmo.

3. Resolución de Conflictos Constructiva: La comprensión de las emociones permite a los líderes abordar los conflictos desde una perspectiva más empática y equilibrada. Esto facilita la resolución de problemas de manera colaborativa en lugar de crear divisiones.

4. Fomento de Ambiente Positivo: Los líderes que manejan sus propias emociones y promueven la inteligencia emocional crean un ambiente laboral positivo. Esto contribuye a la satisfacción de los empleados, reduce el estrés y mejora la moral.

5. Mejor Comunicación: La comunicación emocionalmente inteligente facilita el entendimiento mutuo.

Los líderes que pueden expresar sus propias emociones de manera clara y escuchar las emociones de los demás evitan malentendidos y conflictos innecesarios.

6. Adaptabilidad: La habilidad de reconocer y manejar las emociones permite a los líderes adaptarse a diferentes situaciones y personas. Pueden ajustar su enfoque y estilo de liderazgo según las necesidades emocionales del equipo.

7. Crecimiento Personal y Profesional: Desarrollar la inteligencia emocional no solo beneficia el liderazgo, sino también la vida personal. Los líderes que comprenden y gestionan sus emociones son más resilientes, lo que les permite afrontar los desafíos con mayor eficacia.

8. Innovación y Creatividad: Un ambiente emocionalmente seguro promueve la expresión de ideas y la toma de riesgos. Los líderes que valoran y respetan las emociones de los demás fomentan la innovación y la creatividad.

9. Lealtad y Retención de Empleados: Los líderes emocionalmente inteligentes crean conexiones genuinas con sus equipos, lo que puede conducir a una mayor lealtad y retención de empleados.

10.   Liderazgo Inspirador: Los líderes que gestionan sus emociones y las de los demás pueden inspirar a sus equipos a través de una Visión emocionalmente resonante y una comunicación auténtica.

En resumen, el reconocimiento y manejo de las emociones en el liderazgo conllevan una serie de beneficios que mejoran tanto la dinámica del equipo como los resultados organizacionales. Los líderes emocionalmente inteligentes crean relaciones sólidas, resuelven conflictos de manera constructiva, fomentan un ambiente de trabajo positivo y motivan a sus equipos a lograr el éxito.

6.   Escenarios futuros:

Se exploran los posibles escenarios futuros en los que el manejo de las emociones sea aún más relevante en el liderazgo, considerando factores como la diversidad cultural, la inclusión y la demanda creciente de líderes empáticos y emocionalmente inteligentes.

Se discuten las habilidades y competencias necesarias para liderar en estos escenarios.

Escenarios Futuros Relevancia del Manejo de Emociones en el Liderazgo:

1.   Diversidad Cultural y Globalización: A medida que las organizaciones se vuelven más globales, los líderes deberán manejar equipos multiculturales con diversas expresiones emocionales.

La comprensión de las diferencias culturales en la expresión emocional será crucial para fomentar la inclusión y el entendimiento mutuo.

2.   Tecnología y Virtualidad: La creciente adopción del trabajo remoto y las interacciones virtuales pueden dificultar la interpretación de las señales emocionales.

Los líderes deberán desarrollar habilidades para leer y comunicar emociones a través de medios digitales.

3. Inclusión y Diversidad: Liderar equipos diversos requiere una comprensión profunda de las emociones individuales y de cómo las identidades diversas pueden influir en las experiencias emocionales. La empatía y el respeto serán esenciales para crear un ambiente inclusivo.

4. Cambio y Adaptabilidad: En un mundo en constante cambio, los líderes emocionalmente inteligentes podrán guiar a sus equipos a través de la incertidumbre y el cambio. La habilidad para gestionar las emociones propias y de los demás será fundamental para mantener la estabilidad emocional.

Habilidades y Competencias Necesarias para Liderar en Escenarios Desafiantes:

1. Inteligencia Emocional: El entendimiento y manejo de las propias emociones y de las emociones de los demás seguirá siendo esencial para forjar relaciones efectivas y gestionar situaciones emocionales.

2. Empatía Cultural: Los líderes deberán desarrollar la capacidad de comprender y respetar las diferencias culturales en la expresión emocional, asegurándose de que todas las voces sean valoradas.

3. Comunicación Digital y Virtual: La habilidad para comunicar emociones de manera efectiva a través de medios digitales se volverá crítica para liderar equipos remotos y virtuales.

4. Gestión del Cambio: Liderar a través del cambio requerirá una combinación de empatía, comunicación transparente y la capacidad de ayudar a los equipos a lidiar con sus emociones en momentos de incertidumbre.

5. Inclusión y Diversidad: Los líderes deberán desarrollar habilidades para comprender y abordar las necesidades emocionales de equipos diversos, fomentando la inclusión y creando un ambiente donde todos se sientan valorados.

6. Resiliencia Emocional: La capacidad de mantener la calma y la perspectiva emocional durante momentos de estrés será esencial para liderar en escenarios desafiantes.

7.   Pensamiento Sistémico: Los líderes deberán comprender cómo las emociones individuales afectan al equipo y a la organización en su conjunto, tomando decisiones que beneficien a todos.

8.   Habilidad de Escucha: La escucha activa y empática permitirá a los líderes captar las preocupaciones y necesidades emocionales de los empleados.

9.   Adaptabilidad y Aprendizaje Continuo: La capacidad de adaptarse a nuevas situaciones y seguir aprendiendo sobre la inteligencia emocional y el liderazgo será clave en un entorno en constante cambio.

En resumen, en escenarios futuros caracterizados por la diversidad cultural, la virtualidad y la demanda de inclusión, el liderazgo emocionalmente inteligente será aún más relevante. Los líderes deberán desarrollar habilidades para comprender y gestionar una amplia gama de emociones, comunicarse efectivamente en diversos contextos y liderar equipos diversos e inclusivos con empatía y resiliencia.

Proyecciones del poder de las emociones en el liderazgo a futuro:

En el futuro, se espera que las emociones desempeñen un papel aún más destacado en el liderazgo. Los líderes deberán ser capaces de cultivar la inteligencia emocional, comprender y regular sus propias emociones, y fomentar una cultura organizacional que valore y apoye el bienestar emocional de los empleados.

 Se espera que los líderes del futuro sean capaces de inspirar y motivar a través de la conexión emocional, generando un sentido de pertenencia y compromiso en sus equipos.

Cultivo de la Inteligencia Emocional y Bienestar Emocional en el Liderazgo del Futuro:

En un futuro caracterizado por la complejidad, la diversidad y la rápida evolución tecnológica, los líderes deberán desarrollar habilidades emocionales sólidas y promover una cultura organizacional que priorice el bienestar emocional de los empleados. Aquí se destaca cómo los líderes del futuro pueden abordar estos aspectos:

1. Cultivar la Inteligencia Emocional:

Autoconciencia y Autogestión: Los líderes deben invertir tiempo en reflexionar sobre sus emociones y cómo estas impactan sus acciones y decisiones. A través de la práctica regular, pueden fortalecer la autogestión emocional y evitar reacciones impulsivas.

Empatía y Conexión: El entendimiento profundo de las emociones de los demás es clave para construir relaciones auténticas. Los líderes deben escuchar activamente, ponerse en el lugar de los demás y mostrar genuina preocupación por su bienestar emocional.

Comunicación Emocionalmente Inteligente: Los líderes deben aprender a expresar sus emociones de manera adecuada y a comunicar de manera efectiva para generar comprensión y confianza en el equipo.

2. Fomentar una Cultura de Bienestar Emocional:

Liderazgo, por Ejemplo: Los líderes deben mostrar un compromiso visible con su propio bienestar emocional. Esto fomenta una cultura donde el autocuidado y el manejo emocional se consideran valiosos.

Promoción de la Resiliencia: Los líderes pueden promover la resiliencia emocional al animar a los empleados a aprender de los fracasos, superar desafíos y mantener una mentalidad positiva frente a la adversidad.

Formación y Educación: Proporcionar oportunidades de formación en inteligencia emocional y manejo de estrés a los empleados puede ayudar a crear un entorno donde todos tengan las herramientas para gestionar sus emociones de manera saludable.

3. Inspirar y Motivar a través de la Conexión Emocional:

Narrativa Inspiradora: Los líderes del futuro deben poder comunicar una Visión inspiradora que resuene emocionalmente con los empleados, generando un sentido de propósito y dirección compartidos.

Conexión Personal: Compartir historias personales y experiencias emocionales puede ayudar a los líderes a conectarse con sus equipos en un nivel más profundo, generando confianza y empatía.

Reconocimiento y Celebración: Reconocer y celebrar los logros y esfuerzos de los empleados de manera sincera y emocionalmente auténtica puede aumentar su sentido de pertenencia y motivación.

En resumen, en el futuro, los líderes serán responsables de cultivar la inteligencia emocional en sí mismos y en sus equipos, fomentar una cultura de bienestar emocional y motivar a través de conexiones emocionales profundas. A medida que la tecnología continúa transformando el panorama laboral, la habilidad de los líderes para inspirar y generar compromiso a través de una conexión genuina y emocional se volverá aún más crucial para el éxito organizacional y el bienestar de los empleados.

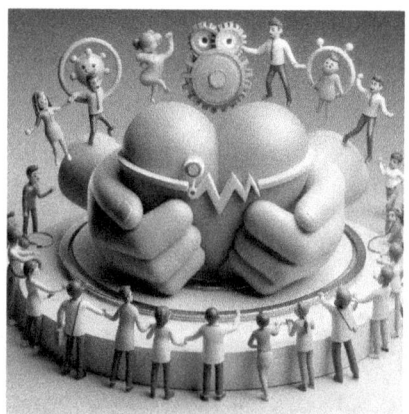

"La vida es 10% lo que nos sucede

y 90% cómo reaccionamos ante ello."

Charles R. Swindoll (Pastor y Autor, Siglo XX)

Capítulo 4: La unión del pensamiento y el Corazón

I) Planteamiento y postura

1. Antecedentes:

En este capítulo, se exploran los antecedentes históricos y teóricos que destacan la importancia de la unión del pensamiento y el Corazón en el liderazgo.

Se analizan las diferentes perspectivas filosóficas y las teorías contemporáneas que enfatizan la integración de la lógica y las emociones en la toma de decisiones y la conexión con los demás.

Antecedentes Históricos y Teóricos de la Unión del Pensamiento y el Corazón en el Liderazgo:

La importancia de la unión entre el pensamiento y el Corazón en el liderazgo tiene raíces históricas y teóricas profundas que se han desarrollado a lo largo de diferentes épocas y culturas. Un ejemplo destacado es el concepto de "sabiduría práctica" promovido por filósofos antiguos como Sócrates, Platón y Aristóteles.

Sócrates (469-399 a.C. - Atenas, Grecia): Sócrates fue uno de los primeros pensadores en enfatizar la importancia de la autorreflexión y el autoconocimiento como base para el liderazgo efectivo.

A través de su método dialéctico, instaba a las personas a cuestionar sus propias creencias y a vivir de manera congruente con sus valores.

Platón (427-347 a.C. - Atenas, Grecia): El discípulo de Sócrates, Platón, creía en la necesidad de integrar la Razón y la pasión en la toma de decisiones. Sostenía que el líder ideal era aquel cuyo "alma" estaba en equilibrio, donde la parte racional guía y gobierna sobre las partes emocionales.

Aristóteles (384-322 a.C. - Atenas, Grecia): Aristóteles desarrolló la ética de la virtud, argumentando que la excelencia moral y el liderazgo efectivo provienen de cultivar virtudes como la sabiduría, la templanza y la justicia. Creía que un líder sabio debía equilibrar la Razón con la emoción, buscando la "mesura" en todo.

Perspectivas Filosóficas y Teorías Contemporáneas sobre la Integración del Pensamiento y el Corazón en el Liderazgo:

A medida que avanzamos en la historia, estas ideas se han fusionado con las perspectivas filosóficas y teorías contemporáneas que enfatizan la importancia de combinar la lógica y las emociones en el liderazgo y la toma de decisiones. Aquí hay algunas perspectivas destacadas:

Inteligencia Emocional (Daniel Goleman): En la década de 1990, Daniel Goleman popularizó el concepto de inteligencia emocional, que implica reconocer y gestionar las propias emociones y las de los demás. Argumenta que la habilidad para comprender y manejar las emociones es esencial para el liderazgo efectivo y la toma de decisiones.

Liderazgo Auténtico (Bill George): Bill George ha promovido la idea de liderazgo auténtico, que se basa en la conexión entre los valores personales y la toma de decisiones éticas en el liderazgo. Este enfoque valora la autenticidad y la coherencia entre lo que el líder piensa, siente y hace.

Liderazgo Transformacional (James MacGregor Burns): La teoría del liderazgo transformacional sugiere que los líderes efectivos inspiran y motivan a sus seguidores a través de un compromiso emocional y una Visión compartida. Este enfoque enfatiza la conexión emocional entre líder y seguidores para lograr cambios significativos.

Neurociencia del Liderazgo: La investigación en neurociencia ha respaldado la idea de que el cerebro procesa la información emocional y lógica de manera interconectada. Estudios han demostrado que las emociones pueden influir en la toma de decisiones y que la empatía es un componente clave para construir relaciones efectivas.

En resumen, la unión del pensamiento y el Corazón en el liderazgo ha sido una preocupación a lo largo de la historia, desde los filósofos antiguos hasta las teorías contemporáneas. La idea central es que el líder efectivo debe equilibrar la lógica y las emociones, reconocer la importancia de la autorreflexión y el autoconocimiento, y construir conexiones genuinas con los demás para lograr un liderazgo más humano y exitoso.

Génesis de la integración del pensamiento y el Corazón en el liderazgo:

Históricamente, el liderazgo se ha centrado principalmente en el pensamiento racional y el enfoque estratégico.

Sin embargo, a medida que la comprensión de la complejidad humana evolucionó, se reconoció que el liderazgo efectivo requiere la integración del pensamiento y el Corazón.

Esto implica equilibrar la lógica y el análisis con la empatía, la compasión y la conexión emocional.

Históricamente, el enfoque en el liderazgo ha estado fuertemente arraigado en el pensamiento racional y en la formulación de estrategias. Desde la antigua Grecia hasta las teorías de gestión más tempranas, prevaleció la noción de que un líder exitoso debía ser un pensador analítico, capaz de tomar decisiones basadas en datos, lógica y planificación estratégica.

En muchas culturas y períodos, la figura del líder era vista como alguien distante y autoritario, cuya principal función era tomar decisiones importantes y dirigir a otros.

No obstante, a medida que avanzó la comprensión de la complejidad humana y se reconocieron las limitaciones de un enfoque meramente racional, surgió una mayor apreciación por la importancia de la integración del pensamiento y el Corazón en el liderazgo. Se comprendió que un liderazgo efectivo no podía limitarse únicamente al análisis lógico y a la planificación estratégica, sino que debía abarcar la dimensión emocional y relacional de las interacciones humanas.

Esta evolución en la comprensión del liderazgo ha llevado al reconocimiento de que un líder verdaderamente eficaz debe equilibrar la lógica y el análisis con la empatía, la compasión y la conexión emocional. Aquí hay algunas razones clave por las cuales esta integración se ha vuelto esencial:

1. Relaciones Interpersonales: El liderazgo implica guiar y motivar a personas, y las relaciones interpersonales son fundamentales en este proceso.

La empatía y la conexión emocional permiten a los líderes comprender las necesidades, preocupaciones y perspectivas de los demás, lo que facilita la construcción de relaciones sólidas y colaborativas.

2. Inspiración y Motivación: Los líderes que son capaces de conectarse emocionalmente con sus equipos tienen la capacidad de inspirar y motivar en un nivel más profundo.

Comunicar una Visión con pasión y emoción puede generar un mayor compromiso y entusiasmo entre los seguidores.

3. Toma de Decisiones Mejor Informada: Las emociones no deben ser ignoradas en la toma de decisiones.

La intuición y la conexión con las propias emociones y las de los demás pueden proporcionar información valiosa que complementa el análisis lógico y lleva a decisiones más completas y equilibradas.

4. Adaptación a la Diversidad: En entornos cada vez más diversos, la empatía y la compasión son cruciales para comprender y respetar las diferencias individuales. Los líderes que pueden conectarse emocionalmente con una variedad de perspectivas tienen más probabilidades de liderar equipos diversos de manera efectiva.

En resumen, la evolución en la comprensión del liderazgo ha llevado al reconocimiento de que la integración del pensamiento y el Corazón es esencial para el éxito en el liderazgo.

Equilibrar la lógica y el análisis con la empatía, la compasión y la conexión emocional permite a los líderes abordar la complejidad humana de manera más efectiva y forjar relaciones duraderas y significativas.

2.   En qué consiste.

Situación actual:

Se explica en qué consiste la unión del pensamiento y el Corazón en el liderazgo y se analizará su relevancia en la situación actual.

Se abordan los desafíos que los líderes enfrentan al equilibrar la racionalidad con la empatía y la conexión emocional en un entorno cada vez más complejo.

La unión del pensamiento y el Corazón en el liderazgo implica integrar la lógica y el análisis con la empatía, la compasión y la conexión emocional. Se trata de reconocer que el liderazgo efectivo va más allá de tomar decisiones basadas únicamente en la racionalidad y el enfoque estratégico.

Implica considerar las necesidades, los sentimientos y las perspectivas de las personas involucradas, y establecer relaciones auténticas y significativas.

En resumen, es un enfoque que equilibra la mente y el Corazón para guiar a otros de manera más completa y humana.

Relevancia en la Situación Actual:

En la situación actual, la unión del pensamiento y el Corazón en el liderazgo se vuelve aún más crucial debido a varios factores:

1.   Cambio Constante y Complejidad: Los desafíos en el entorno actual son más complejos y cambian rápidamente. Los líderes deben comprender y adaptarse a esta dinámica, y la empatía les permite sintonizar con las reacciones emocionales y necesidades de su equipo en momentos de cambio y dificultad.

2.   Cultura Organizacional y Diversidad: Las organizaciones modernas valoran cada vez más la diversidad y la inclusión.

Los líderes empáticos y emocionalmente conectados son más capaces de fomentar una cultura inclusiva donde todos los individuos se sienten valorados y comprendidos.

3.   Bienestar y Motivación: El bienestar emocional de los empleados está directamente relacionado con su productividad y motivación.

Los líderes que pueden conectarse emocionalmente con sus equipos pueden brindar el apoyo necesario para mantener altos niveles de compromiso y satisfacción.

Desafíos al Equilibrar la Racionalidad y la Empatía:

Equilibrar la racionalidad con la empatía y la conexión emocional presenta desafíos significativos para los líderes, especialmente en un entorno cada vez más complejo:

1.   Toma de Decisiones: Los líderes pueden enfrentar dificultades al integrar información lógica y emocional para tomar decisiones. Puede ser complicado encontrar el equilibrio entre lo que es lógicamente correcto y lo que resuena emocionalmente con las necesidades del equipo.

2.   Gestión de Conflictos: La gestión de conflictos requiere equilibrar la objetividad con la comprensión de las emociones y perspectivas de todas las partes involucradas. Esto puede ser un desafío al intentar resolver problemas de manera justa y eficiente.

3.   Presión y Estrés: En situaciones de alta presión, los líderes pueden verse tentados a enfocarse exclusivamente en el cumplimiento de objetivos, dejando de lado las preocupaciones emocionales de su equipo.

Esto puede tener un impacto negativo en la moral y el rendimiento a largo plazo.

4.   Autenticidad y Vulnerabilidad: Mostrar empatía y conexión emocional a menudo implica ser auténtico y vulnerable. Sin embargo, algunos líderes pueden temer que esto los haga parecer débiles o poco profesionales.

En resumen, la unión del pensamiento y el Corazón en el liderazgo es esencial para enfrentar los desafíos contemporáneos y para cultivar relaciones efectivas y respetuosas en un entorno cada vez más complejo.

Aunque equilibrar la racionalidad con la empatía presenta desafíos, los líderes que pueden navegar esta intersección tienen más probabilidades de inspirar, motivar y guiar a sus equipos de manera exitosa.

La unión del pensamiento y el Corazón en el liderazgo en la actualidad:

En la actualidad, los líderes están adoptando cada vez más un enfoque holístico que integra tanto el pensamiento racional como las habilidades emocionales.

Los líderes que pueden comprender y satisfacer las necesidades emocionales de su equipo, al tiempo que mantienen un enfoque estratégico, pueden generar un mayor compromiso y motivación.

La integración del pensamiento y el Corazón permite a los líderes tomar decisiones más equilibradas y generar un impacto significativo.

En la actualidad, se observa una creciente tendencia entre los líderes hacia la adopción de un enfoque holístico que integra tanto el pensamiento racional como las habilidades emocionales.

Esto refleja una comprensión más profunda de la complejidad humana y la importancia de abordar tanto los aspectos lógicos como los emocionales en el liderazgo.

Aquí hay algunas formas en que los líderes están adoptando este enfoque:

1. Desarrollo de Inteligencia Emocional: Los líderes están reconociendo la importancia de desarrollar su inteligencia emocional, lo que implica comprender y gestionar sus propias emociones y las de los demás. Esto les permite establecer relaciones más fuertes y auténticas con sus equipos, lo que a su vez genera un mayor compromiso y motivación.

2. Comunicación Empática: Los líderes efectivos están aprendiendo a comunicarse de manera más empática y comprensiva. Escuchan activamente a sus equipos, validan sus sentimientos y preocupaciones, y responden de manera adecuada. Esto crea un ambiente de confianza y apoyo que fomenta la colaboración y la productividad.

3. Adaptación y Flexibilidad: Los líderes que integran el pensamiento y el Corazón son capaces de adaptarse a diferentes situaciones y necesidades. Reconocen que las respuestas emocionales pueden ser tan importantes como las soluciones lógicas, lo que les permite abordar de manera efectiva una variedad de desafíos.

4. Fomento del Desarrollo Personal: Los líderes que comprenden las necesidades emocionales de su equipo están más dispuestos a invertir en su desarrollo personal y profesional. Esto puede incluir oportunidades de aprendizaje, apoyo para el crecimiento y la capacitación en habilidades emocionales.

5. Toma de Decisiones Equilibrada: La integración del pensamiento y el Corazón permite a los líderes tomar decisiones más equilibradas y bien informadas. Consideran tanto los aspectos lógicos como los emocionales de una situación, lo que lleva a soluciones más completas y sostenibles.

6. Creación de Cultura Organizacional Positiva: Los líderes que se preocupan por el bienestar emocional de sus empleados contribuyen a la creación de una cultura organizacional más positiva. Esto se traduce en un ambiente de trabajo más saludable, donde los empleados se sienten valorados y motivados.

En resumen, los líderes contemporáneos están reconociendo la importancia de integrar el pensamiento racional con las habilidades emocionales para generar un mayor compromiso, motivación y éxito.

La comprensión y satisfacción de las necesidades emocionales de los equipos, junto con un enfoque estratégico, no solo fortalece las relaciones, sino que también contribuye a la toma de decisiones más equilibrada y a la creación de un impacto significativo en la organización.

II) Desarrollo y propuesta

3. Cómo hacerlo:

Se presentan enfoques y prácticas para integrar el pensamiento y el Corazón en el liderazgo.

Se abordan temas como la escucha activa, la empatía cognitiva, el liderazgo auténtico y la toma de decisiones basada en valores y principios.

Los mejores líderes son aquellos que son capaces de integrar la Razón y el Corazón. Estos líderes son capaces de pensar de forma lógica y racional, pero también son capaces de conectar con los demás y de inspirarlos.

Para integrar la Razón y el Corazón, necesitamos desarrollar nuestra inteligencia emocional. La inteligencia emocional es la capacidad de entender y gestionar nuestras propias emociones, así como las emociones de los demás.

La inteligencia emocional es una habilidad esencial para el liderazgo.

Nos ayuda a conectar con los demás, a inspirarlos y a motivarlos.

Integrar el pensamiento y el Corazón en el liderazgo implica adoptar enfoques y prácticas que permitan equilibrar la racionalidad con las habilidades emocionales. Aquí tienes algunas prácticas clave:

1. Escucha Activa: Prestar atención genuina y sin juicios a lo que dicen los demás. Esto permite comprender las emociones y las preocupaciones de los miembros del equipo, creando un ambiente de confianza y respeto.

2. Empatía Cognitiva: Esforzarse por entender la perspectiva y las emociones de los demás. Ponerse en los zapatos de los demás ayuda a los líderes a tomar decisiones que consideren las necesidades y preocupaciones de todos.

3. Liderazgo Auténtico: Ser congruente con los propios valores, creencias y emociones. Los líderes auténticos son más creíbles y pueden inspirar a otros al demostrar autenticidad en sus acciones y palabras.

4. Toma de Decisiones Basada en Valores: Considerar cómo las decisiones se alinean con los valores personales y organizacionales. Esto ayuda a tomar decisiones éticas y coherentes con una Visión más amplia.

5. Inspiración y Motivación: Comunicar una Visión con pasión y emoción. Los líderes que pueden conectar emocionalmente con su equipo tienen más posibilidades de inspirar y motivar para alcanzar metas ambiciosas.

6. Reconocimiento y Agradecimiento: Reconocer y agradecer las contribuciones de los miembros del equipo. Esto crea un ambiente positivo y muestra que los líderes se preocupan por el bienestar emocional de sus colaboradores.

7. Gestión de Conflictos Constructiva: Abordar los conflictos de manera respetuosa y empática. Escuchar las diferentes perspectivas y trabajar hacia soluciones que consideren las emociones y necesidades de todos.

8. Desarrollo de Inteligencia Emocional: Fomentar el crecimiento de la inteligencia emocional en sí mismos y en los miembros del equipo.

Esto incluye el reconocimiento y la gestión de las propias emociones y el desarrollo de la empatía hacia los demás.

En última instancia, el desarrollo de la inteligencia emocional es esencial para integrar la Razón y el Corazón en el liderazgo. Esto implica el autoconocimiento, la autorregulación, la empatía y las habilidades sociales.

Los líderes que pueden equilibrar el pensamiento lógico con la comprensión emocional son capaces de conectar con los demás de manera más auténtica, tomar decisiones más equilibradas y crear un impacto positivo en su equipo y organización.

4. Qué evitar:

Se identifican las trampas comunes que los líderes pueden enfrentar al intentar unir el pensamiento y el Corazón.

Se proporcionan consejos para evitar la falta de equilibrio, el sobre análisis emocional y la falta de consideración de la lógica y la evidencia.

Trampas Comunes al Intentar Unir el Pensamiento y el Corazón:

1.   Falta de Equilibrio: Una trampa común es caer en un extremo, ya sea enfocándose demasiado en la lógica y el análisis o dando prioridad exclusiva a las emociones. Esto puede llevar a decisiones desequilibradas y a la alienación de ciertos miembros del equipo.

2.   Sobre Análisis Emocional: Algunos líderes pueden sobreanalizar las emociones y preocupaciones de los demás, perdiendo de vista los objetivos y la estrategia. Esto puede conducir a la indecisión y al aplazamiento de decisiones importantes.

3.   Falta de Consideración de la Lógica: Algunos líderes pueden dejarse llevar por las emociones y tomar decisiones impulsivas sin considerar adecuadamente la lógica, los datos y las consecuencias a largo plazo.

4.   Falta de Claridad en los Valores: Si los líderes no tienen claridad en sus valores personales y organizacionales, pueden enfrentar dificultades para tomar decisiones coherentes y alineadas con una Visión más amplia.

Consejos para Evitar las Trampas:

1.   Autoconciencia Constante: Mantén una autoconciencia constante de tu enfoque.

Pregunta regularmente si estás equilibrando adecuadamente el pensamiento racional con las consideraciones emocionales.

2.   Búsqueda de Perspectivas: Busca opiniones y perspectivas diversas antes de tomar decisiones.

Esto te ayudará a evitar el exceso de análisis emocional y a considerar diferentes puntos de vista.

3.   Tiempo para la Reflexión: Tómate tiempo para reflexionar antes de tomar decisiones importantes. Esto te permitirá considerar tanto la lógica como las emociones antes de actuar.

4.   Claridad en los Valores: Define tus valores y principios fundamentales y asegúrate de que guíen tus decisiones. Esto te ayudará a evitar la falta de coherencia y la toma de decisiones impulsivas.

5.   Comunicación Abierta: Fomenta una comunicación abierta y honesta con tu equipo. Pide retroalimentación y escucha sus preocupaciones y perspectivas para tomar decisiones informadas.

6.   Planificación Estratégica: Si bien las emociones son importantes, asegúrate de que tus decisiones estén respaldadas por una planificación estratégica sólida y datos relevantes.

7.   Apoyo en la Toma de Decisiones: Si enfrentas decisiones particularmente difíciles, busca asesoramiento de colegas de confianza o mentores.

Obtener diferentes perspectivas puede ayudarte a encontrar un equilibrio.

En última instancia, la clave es encontrar un equilibrio entre el pensamiento y el Corazón en el liderazgo.

La autoconciencia, la búsqueda de perspectivas y la claridad en los valores son esenciales para evitar las trampas comunes y tomar decisiones informadas y equilibradas que generen un impacto positivo en tu equipo y organización.

III) Conclusiones y reflexiones

5. Para qué es importante:

Se resaltan los beneficios de la unión del pensamiento y el Corazón en el liderazgo, como la capacidad de tomar decisiones más integrales y éticas, fomentar relaciones sólidas y auténticas, y promover un ambiente de trabajo saludable y colaborativo.

La unión del pensamiento y el Corazón en el liderazgo ofrece una serie de beneficios significativos que impactan tanto en el líder como en el equipo y la organización en su conjunto:

1. Toma de Decisiones Más Integrales y Éticas: Integrar la lógica y las emociones en la toma de decisiones permite considerar una gama más amplia de factores. Los líderes pueden tomar decisiones que son éticamente sólidas y alineadas con los valores, lo que refuerza la confianza y el respeto.

2. Fomento de Relaciones Sólidas y Auténticas: Los líderes que pueden conectar emocionalmente con su equipo establecen relaciones más auténticas y sólidas. Esto crea un sentido de pertenencia y aumenta la confianza mutua, lo que a su vez fortalece la colaboración y el compromiso.

3. Ambiente de Trabajo Saludable: La atención a las necesidades emocionales de los miembros del equipo contribuye a un ambiente de trabajo saludable. Los empleados se sienten valorados y apoyados, lo que puede reducir el estrés, mejorar la satisfacción laboral y aumentar la retención del talento.

4. Colaboración y Comunicación Mejoradas: Los líderes que pueden conectarse emocionalmente son más efectivos en la comunicación y la resolución de conflictos.

La empatía y la comprensión mutua promueven la colaboración y la comunicación abierta, lo que facilita la consecución de objetivos.

5. Adaptación a la Diversidad: La integración del pensamiento y el Corazón ayuda a los líderes a comprender y respetar las diferencias individuales. Esto es esencial en entornos cada vez más diversos, donde la empatía y la inclusión son clave para el éxito.

6. Motivación y Compromiso: Los líderes emocionalmente conectados son capaces de motivar y comprometer a su equipo en un nivel más profundo.

Inspirar a través de la pasión y la autenticidad puede generar un mayor compromiso con los objetivos organizacionales.

7. Mayor Creatividad e Innovación: La conexión emocional puede fomentar la creatividad y la innovación, ya que los empleados se sienten más cómodos al expresar ideas y tomar riesgos en un ambiente donde son comprendidos y apoyados.

8. Impacto Duradero: Los líderes que integran el pensamiento y el Corazón generan un impacto más duradero en sus equipos y organizaciones. Su enfoque equilibrado crea un legado de relaciones sólidas, confianza y éxito sostenible.

En resumen, la unión del pensamiento y el Corazón en el liderazgo no solo enriquece la experiencia de liderazgo, sino que también tiene un impacto positivo en la moral del equipo, la productividad y el éxito organizacional a largo plazo.

La capacidad de equilibrar la lógica con la empatía y la compasión es una cualidad distintiva de los líderes efectivos y centrados en las personas.

6.   Escenarios futuros:

Se exploran los posibles escenarios futuros en los que la unión del pensamiento y el Corazón sea aún más relevante en el liderazgo.

Se discuten las demandas emergentes del entorno laboral y social, y cómo los líderes deberán adaptarse y cultivar esta conexión para abordar los desafíos y construir organizaciones y comunidades más fuertes.

La unión del pensamiento y el Corazón en el liderazgo será cada vez más relevante en diversos escenarios futuros, a medida que el entorno laboral y social evolucione. Algunos posibles escenarios incluyen:

1. Entorno Laboral Digital y Remoto: Con el aumento del trabajo remoto y la digitalización, los líderes necesitarán desarrollar habilidades emocionales para mantener la conexión con sus equipos a distancia. La empatía y la comunicación efectiva serán esenciales para mantener la colaboración y el compromiso en un entorno virtual.

2. Diversidad e Inclusión: A medida que la diversidad continúa siendo un enfoque importante en los entornos laborales y sociales, los líderes deberán ser sensibles y empáticos hacia las experiencias y necesidades de individuos de diversas culturas y orígenes.

La empatía será crucial para promover una cultura inclusiva y equitativa.

3. Cambio Constante y Ambigüedad: En un mundo caracterizado por la volatilidad, incertidumbre, complejidad y ambigüedad (VUCA), los líderes deberán equilibrar la planificación estratégica con la capacidad de adaptarse a situaciones cambiantes.

La empatía y la conexión emocional permitirán a los líderes entender y apoyar a sus equipos en momentos de cambio y desafío.

4. Énfasis en el Bienestar y Salud Mental: La importancia del bienestar y la salud mental en el entorno laboral está aumentando.

Los líderes deberán ser sensibles a las emociones y necesidades de sus empleados, promoviendo un ambiente donde la salud mental sea una prioridad y donde se fomente un apoyo emocional mutuo.

5. Responsabilidad Social y Sostenibilidad: Las organizaciones están siendo cada vez más conscientes de su impacto en la sociedad y el medio ambiente.

Los líderes que integran el pensamiento y el Corazón serán capaces de guiar a sus equipos hacia prácticas más éticas y sostenibles, considerando tanto los aspectos financieros como los sociales y ambientales.

6. Liderazgo Basado en Valores: La confianza en las instituciones y en el liderazgo está en constante evolución.

Los líderes que pueden demostrar autenticidad y coherencia entre sus valores y acciones serán más creíbles y capaces de generar seguidores comprometidos.

En respuesta a estas demandas emergentes, los líderes deberán cultivar la conexión entre el pensamiento y el Corazón al:

Desarrollar y fomentar la inteligencia emocional en sí mismos y en sus equipos.

Practicar la empatía activa y la escucha genuina para comprender las preocupaciones y necesidades de los demás.

Comunicar con autenticidad y transparencia, especialmente en momentos de cambio o dificultad.

Promover una cultura de apoyo mutuo y resiliencia, donde las personas se sientan valoradas y cuidadas.

Liderar con un enfoque en la ética y la responsabilidad social, considerando las implicaciones a largo plazo de sus decisiones.

En última instancia, la capacidad de los líderes para equilibrar la lógica con la empatía y la compasión será fundamental para construir organizaciones y comunidades más fuertes y resilientes en un futuro en constante evolución.

Proyecciones de la unión del pensamiento y el Corazón en el liderazgo a futuro:

En el futuro, se espera que los líderes sean aún más conscientes de la importancia de la integración del pensamiento y el Corazón.

Los líderes del futuro deberán equilibrar el análisis lógico con la empatía, la compasión y la conexión emocional.

Serán necesarios líderes que comprendan y satisfagan las necesidades tanto racionales como emocionales de su equipo y que promuevan una cultura organizacional centrada en el bienestar y la colaboración.

En el futuro, se espera que los líderes sean aún más conscientes de la importancia de la integración del pensamiento y el Corazón en su enfoque de liderazgo.

A medida que las dinámicas laborales y sociales continúen evolucionando, se requerirá que los líderes desarrollen habilidades que vayan más allá del enfoque tradicional en la racionalidad y el análisis.

Aquí hay algunas formas en las que los líderes del futuro se centrarán en la unión del pensamiento y el Corazón:

1. Desarrollo de Inteligencia Emocional: La inteligencia emocional será una competencia clave para los líderes del futuro.

Se espera que los líderes sean capaces de entender y gestionar sus propias emociones, así como de comprender y apoyar las emociones de sus equipos.

2. Adaptabilidad y Flexibilidad: Dado el ritmo acelerado del cambio y la incertidumbre en el entorno laboral, los líderes deberán ser adaptables y flexibles en sus enfoques. La conexión emocional les permitirá navegar situaciones cambiantes con empatía y agilidad.

3. Enfoque en la Inclusión y la Diversidad: Los líderes del futuro deberán fomentar la inclusión y la diversidad en sus equipos y organizaciones.

La empatía y la conexión emocional les ayudarán a comprender y respetar las perspectivas únicas de cada individuo.

4. Liderazgo Auténtico: La autenticidad será más importante que nunca. Los líderes del futuro deberán ser coherentes con sus valores y demostrar vulnerabilidad para establecer relaciones auténticas y significativas.

5. Comunicación Clara y Comprensiva: La comunicación efectiva será esencial para mantener a los equipos conectados y alineados. Los líderes deberán comunicarse con claridad y comprender las necesidades emocionales de su audiencia.

6. Promoción del Bienestar: Los líderes del futuro se preocuparán por el bienestar de sus empleados y promoverán una cultura organizacional que valore la salud mental y emocional. La conexión emocional les permitirá detectar signos de estrés y agotamiento y tomar medidas proactivas.

7. Toma de Decisiones Equilibrada: Los líderes del futuro serán capaces de tomar decisiones equilibradas que consideren tanto los aspectos lógicos como emocionales.

Esta capacidad les permitirá tomar decisiones éticas y coherentes.

8. Enfoque en el Desarrollo Personal: Los líderes del futuro serán defensores del desarrollo personal y profesional de sus equipos. La empatía les permitirá identificar las necesidades de desarrollo de cada individuo y brindar el apoyo necesario.

En resumen, los líderes del futuro serán conscientes de la importancia de integrar el pensamiento y el Corazón en su enfoque de liderazgo.

Serán capaces de equilibrar el análisis lógico con la empatía, la compasión y la conexión emocional para promover una cultura organizacional centrada en el bienestar y la colaboración.

Estos líderes estarán preparados para abordar los desafíos cambiantes del entorno laboral y social con una perspectiva equilibrada y humana.

"La inteligencia emocional es el ingrediente
que puede marcar la diferencia entre un buen líder
y uno excepcional."
Daniel Goleman (Siglo XX)

Capítulo 5: Liderando con propósito y pasión

I) Planteamiento y postura

1.   Antecedentes:

En este capítulo, se exploran los antecedentes históricos y teóricos que resaltan la importancia del propósito y la pasión en el liderazgo.

Se analizan los enfoques que demuestran cómo tener un propósito claro y una pasión por lo que se hace puede impulsar la motivación y el desempeño de los equipos.

Antecedentes Históricos y Teóricos:

La importancia del propósito y la pasión en el liderazgo tiene raíces en diversas corrientes históricas y teóricas.

A lo largo de la historia, líderes y pensadores han reconocido la influencia que el propósito y la pasión tienen en la motivación y el desempeño de los individuos y los equipos. A continuación, se destacan algunas épocas, países, representantes y aportaciones clave:

1.   Filosofía Antigua (Sócrates, Platón, Aristóteles): En la antigua Grecia, filósofos como Sócrates, Platón y Aristóteles exploraron la naturaleza humana y la ética.

Aristóteles, por ejemplo, habló sobre la eudaimonía, la búsqueda de la felicidad y el florecimiento humano a través de la autorrealización y la búsqueda de un propósito en la vida.

2.   Movimiento del Renacimiento (Leonardo da Vinci): Durante el Renacimiento, se enfatizó la búsqueda del conocimiento y la creatividad. Figuras como Leonardo da Vinci encarnaron la pasión por la exploración y el descubrimiento, resaltando cómo el compromiso con una pasión puede llevar a logros significativos.

3.   Revolución Industrial y Liderazgo Carismático (Max Weber): Max Weber introdujo el concepto de liderazgo carismático, que involucra líderes que inspiran a través de su personalidad y pasión. En un contexto de cambio industrial, líderes carismáticos como figuras religiosas y políticas movilizaron a las masas con su propósito y pasión.

4.   Psicología y Motivación (Abraham Maslow, Frederick Herzberg): En el siglo XX, psicólogos como Abraham Maslow y Frederick Herzberg exploraron las necesidades humanas y la motivación en el lugar de trabajo. Maslow presentó su jerarquía de necesidades, donde la autorrealización y el cumplimiento de un propósito más elevado eran niveles superiores de motivación.

Enfoques para Impulsar la Motivación y el Desempeño:

Varios enfoques teóricos y prácticos respaldan cómo tener un propósito claro y una pasión por lo que se hace puede impulsar la motivación y el desempeño de los equipos:

1.   Teoría del Autodeterminación (Deci y Ryan): Esta teoría resalta la importancia de satisfacer las necesidades de autonomía, competencia y relación para fomentar la motivación intrínseca.

Un propósito claro y una pasión por el trabajo pueden aumentar la sensación de autonomía y competencia, lo que a su vez aumenta la motivación.

2.   Teoría del Flujo (Csikszentmihalyi): El flujo es un estado mental en el que una persona está completamente inmersa y enfocada en una actividad. Tener un propósito claro y una pasión por la tarea puede facilitar la experiencia del flujo, lo que lleva a un mayor compromiso y desempeño.

3.   Liderazgo Transformacional (Bernard Bass): Los líderes transformacionales inspiran y motivan a sus seguidores al proporcionar un sentido de propósito y Visión. La pasión del líder por la misión influye en la pasión y el compromiso de los seguidores.

4. Liderazgo Carismático (House): Los líderes carismáticos, con su energía y pasión, pueden motivar a los seguidores a esforzarse por metas más altas y lograr un rendimiento excepcional.

5. Liderazgo Basado en Valores (Bill George): Bill George promueve la idea de liderar desde el Corazón y con autenticidad. Tener un propósito basado en valores y una pasión genuina por lo que se hace puede inspirar confianza y compromiso en los equipos.

En resumen, la historia del pensamiento y el liderazgo ha demostrado consistentemente que tener un propósito claro y una pasión por lo que se hace es esencial para motivar a los individuos y los equipos, impulsando su desempeño y logro de metas.

Estos conceptos están arraigados en la psicología, la filosofía y las teorías de liderazgo, y siguen siendo relevantes en la gestión contemporánea.

Génesis del liderazgo con propósito y pasión:

A lo largo de la historia, los líderes que han dejado una marca duradera han sido aquellos que lideraron con un fuerte propósito y una pasión ardiente por lo que hacen.

Estos líderes han sido capaces de inspirar y motivar a otros al transmitir una Visión clara y apasionante.

El liderazgo con propósito y pasión se basa en la idea de que cuando los líderes conectan su trabajo con un propósito más grande y muestran una pasión genuina, pueden generar un compromiso y un impacto significativos.

A lo largo de la historia, los líderes que han dejado una marca duradera y han logrado influir en sus sociedades y en el mundo en general han sido aquellos que han liderado con un fuerte propósito y una pasión ardiente por lo que hacen.

Estos líderes han demostrado la capacidad de inspirar y motivar a otros al transmitir una Visión clara y apasionante.

A continuación, se presentan ejemplos de líderes históricos que encarnan este enfoque de liderazgo con propósito y pasión:

1.   Mahatma Gandhi: Gandhi lideró el movimiento de independencia de la India utilizando métodos de resistencia no violenta. Su propósito era lograr la libertad y la justicia para su pueblo. Su pasión por la igualdad y la no violencia inspiró a millones de personas a unirse a su causa y luchar por un cambio significativo.

2.   Martin Luther King Jr.: Líder de los derechos civiles en Estados Unidos, Martin Luther King Jr. tenía un propósito claro: poner fin a la segregación racial y la discriminación.

Su pasión por la justicia y la igualdad se reflejaba en sus discursos apasionados y en su liderazgo no violento, lo que lo convirtió en un ícono de la lucha por los derechos civiles.

3.   Nelson Mandela: Mandela luchó contra el apartheid en Sudáfrica y pasó décadas en prisión por sus convicciones. Su propósito era la igualdad racial y la reconciliación. A pesar de su encarcelamiento, mantuvo su pasión y compromiso, lo que finalmente llevó a la abolición del apartheid y su elección como presidente de Sudáfrica.

4.   Winston Churchill: Durante la Segunda Guerra Mundial, Churchill lideró al Reino Unido con una pasión inquebrantable por la resistencia contra la opresión nazi. Su liderazgo carismático y sus discursos emotivos unieron al país en un momento crítico de su historia.

5.   Steve Jobs: El cofundador de Apple, Steve Jobs, era conocido por su pasión por la innovación y el diseño. Su propósito era transformar la industria tecnológica y hacer productos que cambiaran la vida de las personas. Su pasión y Visión impulsaron a su equipo y llevaron a la creación de productos icónicos.

6.   Malala Yousafzai: A una edad temprana, Malala se convirtió en una defensora de la educación de las niñas en Pakistán y enfrentó el extremismo talibán. Su pasión por la educación y la igualdad la llevó a sobrevivir a un intento de asesinato y a convertirse en una voz global por los derechos de las niñas y las mujeres.

7.   Mother Teresa: La Madre Teresa de Calcuta dedicó su vida al servicio de los más necesitados. Fundó las Misioneras de la Caridad para brindar asistencia médica y apoyo a los pobres y enfermos.

Su propósito era aliviar el sufrimiento humano, y su pasión por ayudar a los más vulnerables la convirtió en un símbolo de compasión y amor.

8.   Franklin D. Roosevelt: Durante la Gran Depresión y la Segunda Guerra Mundial, Roosevelt lideró a Estados Unidos como presidente. Su propósito era guiar al país hacia la recuperación económica y la victoria en la guerra. Su pasión por el bienestar de la nación lo llevó a implementar políticas y programas audaces, como el New Deal.

9.   Angela Merkel: Como canciller de Alemania, Angela Merkel demostró liderazgo con propósito durante la crisis financiera de la eurozona y la crisis de refugiados. Su enfoque pragmático y su pasión por la estabilidad europea la convirtieron en una figura influyente en la política global.

10.   Elon Musk: Elon Musk es conocido por su liderazgo en la industria tecnológica y espacial. Fundador de SpaceX, Tesla y otras empresas, su propósito es impulsar la innovación y la sostenibilidad. Su pasión por la exploración espacial y la energía renovable ha inspirado avances significativos en ambas áreas.

11.   Jacinda Ardern: Como primera ministra de Nueva Zelanda, Jacinda Ardern ha liderado con compasión y empatía. Tras el ataque terrorista en Christchurch en 2019, demostró su propósito de unir a la comunidad y combatir la intolerancia. Su pasión por la inclusión y la justicia social la ha convertido en un modelo de liderazgo moderno.

12.   Greta Thunberg: A una edad temprana, Greta Thunberg se convirtió en una activista climática destacada. Su propósito es concienciar sobre el cambio climático y presionar a los líderes mundiales para que tomen medidas.

Su pasión por la sostenibilidad y el futuro del planeta la ha llevado a liderar movimientos juveniles a nivel global.

Estos ejemplos demuestran cómo el liderazgo con propósito y pasión puede generar un compromiso profundo y un impacto duradero.

Los líderes que conectan su trabajo con un propósito más grande y muestran una pasión genuina son capaces de inspirar a otros, movilizar a las masas y generar cambios significativos en la sociedad. Al transmitir una Visión clara y apasionante, estos líderes logran que las personas se unan a su causa y trabajen juntas hacia un objetivo común.

Estos líderes modernos, principalmente del siglo XX y XXI siguen demostrando cómo el liderazgo con propósito y pasión puede tener un impacto significativo en la sociedad y en el mundo en general.

Su capacidad para inspirar y motivar a otros a través de su Visión apasionante demuestra que el compromiso profundo con un propósito más grande puede conducir a cambios positivos y duraderos.

2.   En qué consiste.

Situación actual:

Se explica en qué consiste liderar con propósito y pasión, destacando la importancia de alinear las metas personales con las de la organización y encontrar significado en el trabajo.

Se analiza la situación actual del liderazgo en relación con el propósito y la pasión, y los desafíos que implica encontrarlos y cultivarlos.

El liderazgo con propósito y pasión en la actualidad:

En la actualidad, el liderazgo con propósito y pasión está ganando reconocimiento. Los líderes que son capaces de articular y vivir su propósito inspiran a su equipo y generan un sentido de significado y dirección. La pasión contagiosa de un líder puede encender la chispa en los demás y motivarlos a lograr resultados extraordinarios.

En la actualidad, el liderazgo con propósito y pasión está ganando un reconocimiento cada vez mayor en diversos ámbitos, desde los negocios hasta la política y la sociedad en general.

Los líderes que son capaces de articular y vivir su propósito no solo influyen en su propio desempeño, sino que también inspiran a sus equipos y generan un sentido profundo de significado y dirección.

La pasión contagiosa de un líder puede encender la chispa en los demás y motivarlos a lograr resultados extraordinarios. Aquí hay algunas formas en las que este enfoque de liderazgo se está manifestando en la actualidad:

1.   Liderazgo Inspirador: Los líderes que pueden comunicar de manera efectiva su propósito y Visión inspiran a sus equipos a superar desafíos y a comprometerse con metas más allá de lo meramente transaccional. Los empleados encuentran un sentido más profundo en su trabajo cuando ven cómo su contribución contribuye al logro de un propósito significativo.

2.   Generación de Compromiso: Los líderes con pasión y propósito generan un mayor compromiso en sus equipos. Cuando los empleados sienten que están trabajando hacia un objetivo más grande y valioso, se sienten más conectados con su trabajo y están dispuestos a esforzarse más allá de lo esperado.

3.   Cultura Organizacional: El liderazgo con propósito puede influir en la cultura de una organización. Los líderes que promueven y viven un propósito claro crean una cultura de coherencia y alineación en torno a valores compartidos. Esto a su vez puede atraer y retener a empleados que se identifican con la misión de la empresa.

4.   Innovación y Creatividad: Los líderes apasionados por su trabajo y su propósito fomentan la innovación y la creatividad dentro de sus equipos. La pasión y el compromiso inspiran a los miembros del equipo a buscar soluciones originales y a desafiar el statu quo.

5.   Resiliencia: Los líderes con un fuerte propósito son más resistentes ante las adversidades. Su pasión y compromiso los ayudan a superar obstáculos y a mantener una mentalidad positiva incluso en momentos difíciles, lo que puede motivar a su equipo a seguir adelante.

6.   Impacto en la Sociedad: Los líderes con un propósito más allá de las ganancias financieras pueden influir positivamente en la sociedad en su conjunto. Empresas y organizaciones que abordan problemas sociales y ambientales pueden tener un impacto significativo en la comunidad y el mundo.

7.   Desarrollo de Liderazgo: El liderazgo con propósito también se está convirtiendo en una característica deseada en los programas de desarrollo de liderazgo. Se reconoce que los líderes que entienden y viven su propósito pueden guiar de manera más efectiva y empoderar a otros.

En resumen, el liderazgo con propósito y pasión está siendo cada vez más valorado en la actualidad.

Los líderes que pueden articular y vivir su propósito tienen la capacidad de inspirar, generar compromiso y lograr resultados excepcionales en sus equipos y organizaciones. Su influencia se extiende más allá del ámbito profesional, impactando en la cultura organizacional, la innovación y la sociedad en general.

II) Desarrollo y propuesta

3.   Cómo hacerlo:

Se presentan estrategias y prácticas para descubrir y vivir el propósito y la pasión en el liderazgo. Se exploran métodos como el autoconocimiento, la definición de valores, la creación de una Visión inspiradora y la promoción de la motivación intrínseca en los equipos.

Los líderes con propósito y pasión son aquellos que tienen una Visión clara de lo que quieren lograr y están motivados por una pasión que les impulsa a actuar.

Estos líderes son capaces de inspirar a los demás a unirse a ellos en su misión y lograr grandes cosas.

Para ser un líder con propósito y pasión, necesitamos tener una clara comprensión de nuestros valores y creencias.

Necesitamos saber lo que es importante para nosotros y por qué. También necesitamos estar motivados por una pasión que nos impulse a actuar.

Esta pasión puede ser cualquier cosa, desde una causa social hasta un sueño personal.

Cuando tenemos un propósito y una pasión, somos capaces de conectar con los demás a un nivel más profundo. Somos capaces de inspirarlos a creer en sí mismos y en sus posibilidades.

Somos capaces de motivarlos a actuar y lograr grandes cosas.

Estrategias y Prácticas para Descubrir y Vivir el Propósito y la Pasión en el Liderazgo:

Descubrir y vivir el propósito y la pasión en el liderazgo es un proceso que requiere autoexploración, reflexión y acción deliberada. Aquí hay algunas estrategias y prácticas que pueden ayudar a los líderes a cultivar un sentido de propósito y pasión en su liderazgo:

1.   Autoconocimiento Profundo:

Dedica tiempo a la autoexploración y la reflexión. Pregúntate qué actividades te hacen sentir más vivo y satisfecho.

Identifica tus valores fundamentales y creencias. Comprende lo que es importante para ti y cómo se relaciona con tu liderazgo y tus objetivos.

Reconoce tus fortalezas y debilidades. Entender tus puntos fuertes te ayudará a aprovecharlos para lograr tu propósito.

2.   Definición de Valores y Visión:

Define tus valores personales y profesionales. Estos valores serán el cimiento de tu propósito y guiarán tus decisiones y acciones.

Crea una Visión inspiradora para tu liderazgo. Imagina cómo te gustaría que el mundo o tu equipo se vean en el futuro y cómo tu propósito contribuye a esa Visión.

3.   Conexión con una Causa Significativa:

Encuentra una causa o misión que te apasione. Puede ser una causa social, un objetivo empresarial o incluso un proyecto personal.

Investiga y comprende la importancia y el impacto de esta causa. Cuanto más conectado te sientas con ella, más pasión podrás transmitir.

4.   Fomento de la Motivación Intrínseca:

Identifica lo que te motiva intrínsecamente en tu trabajo. ¿Qué actividades disfrutas hacer incluso si no recibes recompensas externas?

Encuentra formas de integrar esas actividades en tu liderazgo. La realización de tareas que te motivan aumentará tu pasión y entusiasmo.

5.   Comunicación y Compartir tu Historia:

Comparte tu historia personal y cómo llegaste a tu propósito y pasión. La autenticidad puede inspirar a otros a hacer lo mismo.

Comunica tu Visión y propósito a tu equipo de manera clara y apasionada.

La comunicación efectiva es clave para inspirar y motivar a otros.

6.   Desarrollo Continuo:

Continúa aprendiendo y creciendo. A medida que adquieras más conocimiento y experiencia, tu propósito puede evolucionar.

Mantén una actitud de apertura y adaptabilidad.

Estar dispuesto a ajustar tu propósito en función de nuevas oportunidades y desafíos.

7.   Celebración de Logros:

Celebra tus logros y los logros de tu equipo. Reconocer el progreso y los resultados fortalece tu sentido de propósito y aumenta la pasión.

En última instancia, ser un líder con propósito y pasión implica una conexión profunda con tus valores, una Visión inspiradora y la capacidad de comunicar esa pasión a los demás.

Al incorporar estas estrategias y prácticas en tu enfoque de liderazgo, podrás inspirar a los demás a unirse a tu misión y lograr grandes resultados juntos.

4.   Qué evitar:

Se identifican las trampas y obstáculos comunes que pueden interferir con el liderazgo basado en el propósito y la pasión, como la falta de claridad en los objetivos, la falta de autenticidad y la desconexión emocional con el trabajo y los demás.

Se ofrecen consejos para evitar caer en estas limitaciones.

Trampas y Obstáculos en el Liderazgo Basado en el Propósito y la Pasión:

A pesar de los beneficios del liderazgo basado en el propósito y la pasión, existen trampas y obstáculos comunes que pueden interferir con este enfoque. Identificar y abordar estos obstáculos es esencial para mantener un liderazgo efectivo y auténtico:

1.   Falta de Claridad en los Objetivos:

Trampa: Si el líder no tiene una comprensión clara de sus objetivos y cómo se relacionan con su propósito, puede llevar a la confusión y la falta de dirección.

Consejo: Define metas claras y realistas que estén alineadas con tu propósito. Mantén la comunicación abierta con tu equipo para garantizar que todos comprendan la Visión y los objetivos.

2.   Falta de Autenticidad:

Trampa: Pretender tener un propósito o pasión falsos puede resultar en una falta de autenticidad y dañar la confianza de tu equipo.

Consejo: Encuentra tu propia voz y valores auténticos. Sé honesto acerca de tus motivaciones y compromisos. La autenticidad es clave para inspirar y generar confianza.

3. Desconexión Emocional:

Trampa: Si te desconectas emocionalmente de tu trabajo y tu equipo, tu pasión se verá afectada, lo que puede influir en la motivación y el compromiso del equipo.

Consejo: Mantén una conexión emocional con tu propósito y con las personas con las que trabajas. Escucha activamente, muestra empatía y demuestra interés genuino en el bienestar de los demás.

4. Sobrecarga y Agotamiento:

Trampa: La pasión excesiva sin límites puede llevar al agotamiento. Si te comprometes demasiado, puedes descuidar tu propio bienestar y el de tu equipo.

Consejo: Establece límites saludables y practica la autorreflexión. Aprende a delegar tareas y a equilibrar tus responsabilidades para evitar el agotamiento.

5. Falta de Adaptabilidad:

Trampa: Aferrarse demasiado a un propósito o Visión específicos sin flexibilidad puede llevar a la rigidez y la falta de adaptación a cambios en el entorno.

Consejo: Mantén una mente abierta y dispuesta a ajustar tu enfoque según las circunstancias cambiantes. La adaptabilidad es esencial para mantener la relevancia y la eficacia.

6. Desconexión entre Propósito y Acción:

Trampa: Si el líder no traduce su propósito en acciones concretas y coherentes, puede generar confusión y escepticismo en el equipo.

Consejo: Alinea tus acciones diarias con tu propósito. Comunica cómo las decisiones y acciones están en línea con la Visión global. La coherencia es esencial para inspirar confianza.

7. Falta de Comunicación:

Trampa: No comunicar eficazmente tu propósito y Visión puede llevar a la falta de comprensión y compromiso por parte de tu equipo.

Consejo: Mantén una comunicación constante y transparente sobre tus objetivos, Visión y valores. Escucha a tu equipo y aborda cualquier preocupación que surja.

En resumen, aunque el liderazgo basado en el propósito y la pasión puede ser altamente efectivo, es importante ser consciente de las trampas y obstáculos que pueden surgir.

Mantener la claridad, la autenticidad, la conexión emocional y la adaptabilidad son claves para evitar caer en estas limitaciones y para liderar de manera coherente y efectiva.

III) Conclusiones y reflexiones

5. Para qué es importante:

Se resaltan los beneficios de liderar con propósito y pasión, como la capacidad de inspirar y motivar a los demás, superar los desafíos con resiliencia, fomentar la innovación y crear un ambiente de trabajo enriquecedor y significativo.

Beneficios de Liderar con Propósito y Pasión:

Liderar con propósito y pasión ofrece una serie de beneficios significativos tanto para el líder como para el equipo y la organización en general.

Estos beneficios pueden tener un impacto profundo en el rendimiento, la cultura y el éxito a largo plazo:

1. Inspiración y Motivación: Los líderes con propósito y pasión tienen la capacidad de inspirar a los demás. Sus palabras y acciones transmiten un sentido de propósito y Visión que motiva a los miembros del equipo a comprometerse y esforzarse para alcanzar objetivos compartidos.

2. Superación de Desafíos con Resiliencia: La pasión y el propósito actúan como un motor de resiliencia.

Los líderes apasionados son más capaces de enfrentar desafíos y obstáculos con determinación, ya que su conexión emocional con la causa los impulsa a persistir y encontrar soluciones.

3. Fomento de la Innovación: Los líderes que siguen su propósito son más propensos a buscar nuevas formas de abordar problemas y desafíos.

La pasión puede impulsar la creatividad y la innovación en el enfoque de resolución de problemas, lo que beneficia a la organización.

4. Creación de un Ambiente de Trabajo Significativo: Un líder con propósito y pasión puede crear un ambiente de trabajo enriquecedor y significativo. Los empleados se sienten más conectados con su trabajo cuando ven que sus esfuerzos contribuyen a un propósito más grande y valioso.

5. Mejora del Compromiso del Equipo: Los líderes que comparten su propósito y pasión con el equipo fomentan un mayor compromiso. Los empleados son más propensos a involucrarse y a sentirse parte integral de la Visión compartida.

6. Atracción y Retención de Talento: Las organizaciones lideradas por individuos apasionados y con un propósito atractivo son más propensas a atraer y retener a empleados talentosos.

Los profesionales buscan trabajar en entornos donde sientan que su trabajo tiene un impacto significativo.

7. Mejora de la Cultura Organizacional: Los líderes con propósito y pasión pueden influir positivamente en la cultura organizacional.

La coherencia en los valores y la Visión crea un sentido de cohesión y un ambiente colaborativo.

8.   Logro de Resultados Extraordinarios: Cuando un líder tiene una Visión clara y una pasión contagiosa, puede motivar a su equipo a lograr resultados extraordinarios.

La dedicación y el esfuerzo adicional generan un rendimiento excepcional.

9.   Desarrollo Personal y Profesional: El liderazgo basado en el propósito y la pasión fomenta el crecimiento personal y profesional. La autoexploración y la conexión con un propósito más grande permiten a los líderes desarrollarse en áreas que realmente les importan.

En resumen, liderar con propósito y pasión no solo beneficia al líder, sino que también influye positivamente en el equipo y la organización en su conjunto.

La capacidad de inspirar, superar desafíos, fomentar la innovación y crear un ambiente de trabajo enriquecedor y significativo contribuye a un liderazgo efectivo y a un rendimiento excepcional.

6.   Escenarios futuros:

Se explorarán los posibles escenarios futuros en los que el liderazgo con propósito y pasión se vuelva aún más relevante, considerando factores como la búsqueda de un equilibrio entre el trabajo y la vida personal, el crecimiento de la economía del propósito y la demanda de líderes que generen un impacto positivo en la sociedad. Se discutirán las habilidades y competencias necesarias para liderar en estos escenarios.

Escenarios Futuros en los que el Liderazgo con Propósito y Pasión es Relevante:

El liderazgo con propósito y pasión está destinado a volverse aún más relevante en los escenarios futuros debido a la evolución de la sociedad, la economía y las expectativas de los líderes y los equipos. Algunos posibles escenarios futuros incluyen:

1. Búsqueda de Equilibrio entre Trabajo y Vida Personal:

Escenario: Con la creciente conciencia sobre la importancia del bienestar y la salud mental, los líderes que pueden demostrar un equilibrio entre el trabajo y la vida personal serán más valorados.

Habilidades y Competencias: Líderes que priorizan el bienestar, fomentan la flexibilidad y crean una cultura que apoya el equilibrio saludable entre el trabajo y la vida personal.

2. Crecimiento de la Economía del Propósito:

Escenario: La economía del propósito se centra en la creación de valor a través de actividades alineadas con un propósito significativo. Los líderes que pueden articular y vivir este propósito serán esenciales para el éxito en esta economía.

Habilidades y Competencias: Habilidad para identificar oportunidades comerciales alineadas con el propósito, comunicación efectiva del propósito de la organización y capacidad para inspirar a los empleados y clientes.

3. Demanda de Impacto Social y Ambiental:

Escenario: Los líderes que pueden liderar iniciativas que generen un impacto positivo en la sociedad y el medio ambiente serán esenciales para abordar los desafíos globales.

Habilidades y Competencias: Habilidad para identificar oportunidades de impacto social y ambiental, capacidad para movilizar a los equipos en torno a causas significativas y habilidades de colaboración para trabajar con partes interesadas externas.

4. Liderazgo Inclusivo y Diverso:

Escenario: La diversidad y la inclusión serán aspectos clave en los entornos de trabajo futuros. Los líderes que pueden abrazar la diversidad y promover un ambiente inclusivo serán esenciales para la innovación y el rendimiento.

Habilidades y Competencias: Habilidad para fomentar la inclusión, empatía y comprensión de diversas perspectivas, y capacidad para crear un ambiente donde todos se sientan valorados y escuchados.

5. Adaptación a la Tecnología y la Digitalización:

Escenario: La tecnología y la digitalización seguirán transformando los negocios y la forma en que trabajamos. Los líderes que pueden guiar a sus equipos en la adopción de tecnología y adaptarse a los cambios serán esenciales.

Habilidades y Competencias: Capacidad para liderar en un entorno digital, habilidades de aprendizaje continuo y agilidad, y capacidad para comunicar la Visión de cómo la tecnología puede apoyar el propósito de la organización.

En resumen, el liderazgo con propósito y pasión se volverá aún más relevante en el futuro a medida que la sociedad evolucione y cambien las demandas de los líderes y los equipos. Las habilidades y competencias necesarias incluirán la capacidad de equilibrar el bienestar personal y profesional, liderar en una economía del propósito, generar impacto social y ambiental, promover la inclusión y adaptarse a los avances tecnológicos. Los líderes que puedan abrazar estas competencias estarán bien posicionados para liderar con éxito en los escenarios futuros.

Proyecciones del liderazgo con propósito y pasión a futuro:

En el futuro, se espera que el liderazgo con propósito y pasión sea aún más esencial.

Los líderes del futuro deberán ser capaces de conectar el propósito organizacional con los valores y aspiraciones individuales de los miembros del equipo. Se espera que los líderes sean capaces de infundir pasión y energía en su entorno de trabajo, creando una cultura en la que todos se sientan inspirados y comprometidos con un propósito compartido.

En el futuro, el liderazgo con propósito y pasión se volverá aún más esencial a medida que la sociedad, la economía y la tecnología continúen evolucionando. Los líderes del futuro deberán comprender y adaptarse a estas tendencias para guiar de manera efectiva a sus equipos y organizaciones.

Aquí hay una Visión de cómo podría ser el liderazgo con propósito y pasión en el futuro:

1. Conexión entre Propósito Organizacional y Valores Individuales: Los líderes del futuro serán expertos en alinear el propósito de la organización con los valores y aspiraciones individuales de los miembros del equipo.

Entenderán que cada persona busca un significado personal en su trabajo y serán capaces de mostrar cómo el propósito de la organización se relaciona con los objetivos y sueños individuales.

2. Cultura Inspiradora y Comprometida: Los líderes del futuro crearán una cultura en la que la pasión y la energía sean contagiosas. Serán maestros en infundir entusiasmo en su entorno de trabajo al demostrar un compromiso apasionado con la misión y Visión de la organización. Esta cultura inspirará a todos a comprometerse con un propósito compartido y trabajar juntos para lograrlo.

3. Liderazgo Transformacional: Los líderes del futuro serán transformacionales en su enfoque. No solo gestionarán y delegarán tareas, sino que también inspirarán y motivarán a sus equipos hacia una Visión convincente.

Utilizarán su pasión para movilizar a los empleados hacia la innovación, el cambio positivo y la mejora continua.

4. Promoción de la Inclusión y la Diversidad: Los líderes del futuro reconocerán la importancia de la inclusión y la diversidad en el éxito de la organización. Fomentarán un entorno donde todas las voces sean valoradas y respetadas, lo que enriquecerá la colaboración y la creatividad.

5.   Enfrentamiento de Desafíos Globales: Los líderes del futuro estarán dispuestos y capacitados para enfrentar desafíos globales, desde la sostenibilidad ambiental hasta la igualdad social. Utilizarán su pasión y propósito para movilizar a sus equipos y abordar cuestiones importantes que afectan a la sociedad en su conjunto.

6.   Uso Estratégico de la Tecnología: Los líderes del futuro comprenderán cómo aprovechar la tecnología para avanzar en sus objetivos y propósito. Serán capaces de utilizar herramientas digitales para mejorar la colaboración, la comunicación y la eficiencia, al tiempo que mantienen una conexión humana y significativa.

En resumen, el liderazgo con propósito y pasión en el futuro se caracterizará por líderes que entienden y se adaptan a las necesidades cambiantes de la sociedad y los equipos. Estos líderes serán capaces de conectar el propósito organizacional con los valores individuales, crear una cultura inspiradora y comprometida, y enfrentar desafíos globales de manera efectiva.

Su capacidad para inspirar y guiar a otros hacia un futuro más brillante y significativo será esencial en el mundo en constante evolución.

"No importa lo que haces...

importa cuánto amor pones en lo que haces."

Mother Teresa (Siglo XX)

Capítulo 6: El líder como guía y mentor

I) Planteamiento y postura

1.   Antecedentes:

En este capítulo, se exploran los antecedentes históricos y teóricos que resaltan el papel del líder como guía y mentor.

Se analizan las teorías que demuestran cómo el liderazgo basado en el apoyo y el desarrollo de los demás puede generar resultados positivos en los individuos y los equipos.

Antecedentes Históricos:

El concepto de liderazgo como guía y mentor tiene raíces históricas en diversas culturas y épocas.

En la antigua Grecia, por ejemplo, figuras como Sócrates fueron conocidas por su estilo de liderazgo basado en la mentoría y el diálogo.

También, en la filosofía confuciana de China, se enfatizaba la importancia de los líderes como modelos a seguir y maestros sabios.

En la Edad Media y el Renacimiento, el concepto de liderazgo paternalista se hizo presente, donde los líderes eran vistos como figuras paternales que cuidaban y guiaban a sus seguidores.

Durante la Revolución Industrial, los líderes comenzaron a adoptar roles más activos en la supervisión y desarrollo de sus equipos.

Teorías y Representantes:

1.   Teoría del Liderazgo Transformacional: A finales del siglo XX, James MacGregor Burns introdujo la idea de liderazgo transformacional.

Este enfoque se centra en inspirar y motivar a los seguidores para que alcancen su máximo potencial.

Los líderes transformacionales actúan como modelos a seguir y fomentan un cambio positivo en sus seguidores. Ejemplos notables incluyen a líderes como Martin Luther King Jr. y Mahatma Gandhi.

2.   Liderazgo Carismático de Weber: Max Weber habló del liderazgo carismático, donde los líderes ganan seguidores debido a su carisma y habilidad para inspirar. Estos líderes a menudo funcionan como mentores, guiando a sus seguidores hacia objetivos comunes.

3.   Teoría de Liderazgo de Servicio: Robert K. Greenleaf acuñó el término "liderazgo de servicio" en los años 70. Esta teoría destaca que los líderes efectivos son aquellos que priorizan las necesidades de sus seguidores y trabajan para su desarrollo.

Los líderes de servicio actúan como mentores y se preocupan por el bienestar de los demás.

4.   Liderazgo Auténtico: Bill George promovió la idea de liderazgo auténtico en la década de 2000. Se enfoca en líderes que conocen sus valores, practican la autoconciencia y fomentan la relación personal con sus seguidores. Los líderes auténticos asumen un papel de guía y mentor para ayudar a otros a descubrir su propio potencial.

Aportaciones y Resultados:

Las teorías que destacan el papel del líder como guía y mentor enfatizan el desarrollo personal y profesional de los seguidores.

 Estas teorías sugieren que un liderazgo basado en el apoyo y el desarrollo puede generar resultados positivos en los individuos y los equipos.

Los líderes que adoptan este enfoque tienden a cultivar un ambiente de trabajo en el que los empleados se sienten valorados, empoderados y motivados para crecer.

Los beneficios incluyen:

• Mayor compromiso: Los seguidores son más propensos a estar comprometidos y dedicados a sus tareas y objetivos cuando sienten que su líder se preocupa por su desarrollo y bienestar.

• Desarrollo de habilidades: Un liderazgo de guía y mentoría fomenta el desarrollo de habilidades y capacidades en los seguidores, lo que a su vez puede mejorar el rendimiento individual y del equipo.

• Clima positivo: Un líder que actúa como mentor puede contribuir a un ambiente de trabajo positivo y colaborativo, donde la comunicación abierta y el respeto mutuo son valores fundamentales.

• Innovación y creatividad: Al alentar el crecimiento y la autonomía de los seguidores, los líderes de mentoría pueden fomentar la innovación y la creatividad en el equipo.

En resumen, a lo largo de la historia y en diversas culturas, el papel del líder como guía y mentor ha sido valorado y reconocido como una forma efectiva de liderazgo.

Las teorías que respaldan esta perspectiva subrayan la importancia de cultivar el desarrollo personal y profesional de los seguidores, lo que a su vez conduce a resultados positivos tanto para los individuos como para los equipos.

Génesis del liderazgo como guía y mentor:

A lo largo de la historia, los líderes han desempeñado un papel de guía y mentor para aquellos que los rodean.

Desde los líderes tribales hasta los líderes empresariales, la capacidad de proporcionar orientación y apoyo ha sido valorada.

Los líderes como guías y mentores ayudan a otros a desarrollar su potencial, brindan apoyo en momentos de desafío y actúan como modelos a seguir.

Líderes como Guías y Mentores a lo largo de la Historia:

A lo largo de la historia de la humanidad, los líderes han desempeñado el papel de guías y mentores para aquellos que los rodean en una variedad de contextos, desde líderes tribales hasta figuras políticas y empresariales.

Aquí hay ejemplos de diferentes épocas y áreas:

1. Líderes Tribales y Religiosos:

• Moisés (Siglo XIII a.c.): Según la tradición judeocristiana, Moisés lideró a los israelitas en su travesía por el desierto, guiándolos hacia la tierra prometida.

Actuó como guía espiritual y líder en momentos de dificultad.

2. Líderes Políticos y Militares:

• César Augusto (63 a.C. - 14 d.C.): El primer emperador de Roma, César Augusto, fue conocido por su habilidad para unificar el vasto imperio romano.

Actuó como líder y mentor para su sucesor, Tiberio, estableciendo una transición suave del poder.

3. Figuras Religiosas y Filosóficas:

Confucio (551 a.C. - 479 a.C.): El filósofo chino Confucio enfatizó la importancia del liderazgo ético y la mentoría. Sus enseñanzas han influido en el pensamiento y la práctica del liderazgo en la cultura china durante siglos.

4. Líderes de Cambio Social:

Mahatma Gandhi (1869 - 1948): Gandhi lideró el movimiento de resistencia pacífica en la India contra el dominio británico.

Su enfoque de liderazgo basado en la no violencia y la guía moral influyó en muchos movimientos de derechos civiles y sociales en todo el mundo.

5.   Líderes Empresariales y de Innovación:

Steve Jobs (1955 - 2011): El cofundador de Apple, Steve Jobs, fue conocido por su liderazgo visionario y su capacidad para inspirar a sus empleados a alcanzar su máximo potencial.

Fue un mentor para muchos en la industria tecnológica.

6.   Líderes Contemporáneos:

Malala Yousafzai (Nacida en 1997): La activista paquistaní Malala se ha convertido en un símbolo de la lucha por la educación de las niñas.

Su liderazgo y valentía han inspirado a jóvenes de todo el mundo a luchar por sus derechos.

En todas estas instancias, los líderes han desempeñado un papel fundamental como guías y mentores.

Han brindado orientación moral, apoyo emocional y sabiduría práctica a aquellos que los rodean.

Además, han sido modelos a seguir, demostrando a través de sus acciones y palabras cómo enfrentar desafíos y perseguir un propósito más grande.

En el ámbito empresarial, el liderazgo como guía y mentor también ha sido altamente valorado.

Los líderes que se dedican al desarrollo de sus empleados, fomentando un ambiente de aprendizaje y crecimiento, tienden a cosechar equipos más comprometidos, creativos y productivos.

En resumen, a lo largo de la historia y en diversas áreas, los líderes que han actuado como guías y mentores han dejado un impacto duradero en la sociedad y en las vidas de aquellos a quienes han influido.

Su capacidad para proporcionar orientación, apoyo y desarrollo ha sido una característica esencial de un liderazgo efectivo y positivo.

2.   En qué consiste.

Situación actual:

Se explica en qué consiste ser un líder como guía y mentor.

Se abordan los desafíos que los líderes enfrentan al cultivar relaciones de mentoría, brindar apoyo y fomentar el crecimiento y el desarrollo de los demás.

El líder como guía y mentor en la actualidad:

En la actualidad, se reconoce la importancia de que los líderes actúen como guías y mentores.

Los líderes efectivos establecen relaciones de confianza con sus seguidores, brindan orientación y oportunidades de desarrollo, y fomentan un ambiente de aprendizaje continuo.

Los líderes como guías y mentores ayudan a los demás a alcanzar su máximo potencial y crecen tanto personal como profesionalmente.

En la actualidad, la importancia de que los líderes actúen como guías y mentores es cada vez más reconocida en diversos ámbitos, desde el empresarial hasta el educativo y el social.

Los líderes efectivos que asumen el papel de guías y mentores tienen un impacto significativo en sus equipos, organizaciones y comunidades.

Aquí hay algunas razones por las cuales este enfoque es valorado:

1.   Establecimiento de Relaciones de Confianza: Los líderes que actúan como guías y mentores cultivan relaciones basadas en la confianza y el respeto.

Cuando los seguidores sienten que sus líderes se preocupan por su bienestar y desarrollo, es más probable que confíen en ellos y estén dispuestos a seguir su dirección.

2.   Brindar Orientación y Oportunidades de Desarrollo: Los líderes que desempeñan el papel de mentores proporcionan orientación valiosa a sus seguidores. Ofrecen consejos, comparten su experiencia y ayudan a los demás a navegar por desafíos profesionales y personales.

Además, ofrecen oportunidades para el desarrollo de habilidades y el crecimiento profesional.

3.   Fomento de un Ambiente de Aprendizaje Continuo: Los líderes como guías y mentores crean un ambiente donde el aprendizaje continuo es promovido y valorado. Al alentar la exploración de nuevas ideas y enfoques, inspiran la innovación y el desarrollo constante tanto a nivel individual como de equipo.

4.   Desarrollo del Potencial de los Seguidores: Los líderes efectivos reconocen y nutren el potencial de sus seguidores. Al brindar apoyo y recursos, ayudan a los demás a descubrir sus fortalezas y a trabajar en áreas de mejora, lo que contribuye a su crecimiento personal y profesional.

5.   Crecimiento Personal y Profesional: Los líderes que actúan como guías y mentores contribuyen al crecimiento integral de sus seguidores. Ayudan a desarrollar habilidades, conocimientos y competencias, lo que puede llevar a avances en sus carreras y vidas en general.

6.   Mejora del Clima Organizacional: Un liderazgo basado en la mentoría y la guía puede mejorar el clima organizacional. Los empleados se sienten valorados y apreciados, lo que puede aumentar la moral, la motivación y la retención dentro de la organización.

7.   Creación de un Legado Positivo: Los líderes que actúan como guías y mentores crean un legado positivo al influir en las vidas y carreras de las personas que los rodean.

Este impacto puede extenderse más allá de su mandato y dejar una huella duradera en la organización y la comunidad.

En resumen, en la actualidad se reconoce ampliamente que los líderes efectivos son aquellos que asumen el papel de guías y mentores.

Este enfoque no solo beneficia a los seguidores en su crecimiento personal y profesional, sino que también contribuye al éxito y la salud general de las organizaciones y comunidades. Los líderes que se comprometen a guiar y apoyar a otros están en una posición única para inspirar, influir y generar resultados positivos a largo plazo.

II) Desarrollo y propuesta

3. Cómo hacerlo:

Se presentan estrategias y prácticas para convertirse en un líder efectivo como guía y mentor.

Se exploran métodos como la escucha activa, la retroalimentación constructiva, el desarrollo de habilidades y la creación de oportunidades de aprendizaje y crecimiento.

Los líderes son guías y mentores. Son los que ayudan a los demás a aprender y crecer. Son los que les proporcionan apoyo y orientación. Son los que les ayudan a alcanzar su potencial.

Para ser un buen líder, necesitamos ser capaces de enseñar y de guiar a los demás. Necesitamos ser capaces de compartir nuestro conocimiento y experiencia con los demás.

También necesitamos ser capaces de motivar a los demás a aprender y a crecer.

Cuando somos capaces de guiar y mentorear a los demás, estamos dejando un legado positivo en el mundo.

Estamos ayudando a los demás a alcanzar su potencial y a hacer del mundo un lugar mejor. Convertirse en un líder efectivo como guía y mentor implica cultivar habilidades específicas y adoptar prácticas que promuevan el desarrollo y el crecimiento de los demás.

Aquí hay algunas estrategias y prácticas clave para lograrlo:

1. Escucha Activa: Practicar la escucha activa implica prestar atención completa a lo que dicen los demás, sin interrumpir ni juzgar.

Esto permite comprender realmente las necesidades, preocupaciones y perspectivas de los miembros del equipo. La escucha activa fomenta la empatía y construye relaciones sólidas.

2. Retroalimentación Constructiva: Proporcionar retroalimentación constructiva es esencial para el crecimiento de los demás. Ofrecer comentarios específicos y equilibrados ayuda a los seguidores a identificar áreas de mejora y a reconocer sus fortalezas. La retroalimentación debe ser oportuna, clara y orientada hacia el desarrollo.

3. Desarrollo de Habilidades: Un líder efectivo actúa como un mentor al ayudar a los demás a desarrollar sus habilidades y competencias. Identifica las necesidades de desarrollo individual y crea planes para adquirir nuevas habilidades. Proporciona recursos, capacitación y oportunidades para el crecimiento.

4. Creación de Oportunidades de Aprendizaje: Fomenta un ambiente de aprendizaje continuo al proporcionar oportunidades para el desarrollo personal y profesional. Esto puede incluir la asignación de proyectos desafiantes, la participación en cursos de formación y la exposición a nuevas experiencias.

5. Modelo a Seguir: Actúa como un modelo a seguir al demostrar los comportamientos y valores que deseas ver en los demás. Tu ejemplo puede influir en cómo los miembros del equipo abordan desafíos, toman decisiones y colaboran.

6. Mentoría Personalizada: Proporciona orientación individualizada a cada miembro del equipo. Reconoce sus necesidades únicas y brinda asesoramiento que sea relevante para su situación y metas personales y profesionales.

7. Fomento de la Autonomía: A medida que los seguidores crecen y se desarrollan, permite que asuman más responsabilidades y tomen decisiones autónomas.

Esto fomenta la confianza en sí mismos y demuestra que confías en sus capacidades.

8. Establecimiento de Metas Claras: Colabora con los miembros del equipo para establecer metas claras y realistas.

Define expectativas y objetivos, y proporciona seguimiento para asegurarte de que estén en camino para alcanzarlos.

9. Cultivar la Empatía: Desarrolla la capacidad de ponerse en el lugar de los demás y entender sus emociones y perspectivas.

La empatía fortalece las conexiones y permite un liderazgo más sensible y comprensivo.

10. Celebración de los Logros: Reconoce y celebra los logros y éxitos de los miembros del equipo.

Esto refuerza el sentido de logro y pertenencia, y motiva a seguir esforzándose.

Ser un líder efectivo como guía y mentor requiere paciencia, dedicación y una verdadera preocupación por el crecimiento y el bienestar de los demás.

Al adoptar estas prácticas, puedes ayudar a los miembros de tu equipo a alcanzar su máximo potencial y a crecer tanto personal como profesionalmente.

4. Qué evitar:

Se identifican los errores comunes que los líderes pueden cometer al asumir el papel de guía y mentor.

Se proporcionan consejos para evitar la falta de empatía, la imposición de opiniones y la falta de compromiso con el desarrollo de los demás.

Ciertamente, los líderes pueden cometer errores al asumir el papel de guía y mentor, incluso si su intención es positiva.

Aquí están algunos de los errores más comunes que los líderes deben evitar, junto con consejos para prevenirlos:

1. Falta de Empatía:

Error: No comprender ni valorar las emociones y perspectivas de los demás puede conducir a una falta de conexión y confianza.

Consejo: Practica la escucha activa, busca comprender los sentimientos y puntos de vista de los demás, y demuestra genuina empatía hacia sus preocupaciones.

2. Imposición de Opiniones:

Error: Forzar tus opiniones y soluciones sin considerar las ideas y contribuciones de los demás puede limitar su autonomía y creatividad.

Consejo: Fomenta un ambiente donde se alienta la diversidad de ideas y opiniones. Pregunta y escucha antes de ofrecer tus propias perspectivas y anima a los demás a contribuir con sus propias soluciones.

3. Falta de Compromiso con el Desarrollo:

Error: No dedicar suficiente tiempo y esfuerzo al desarrollo de los demás puede llevar a un estancamiento y desmotivación.

Consejo: Establece metas de desarrollo individuales, proporciona retroalimentación regular y crea oportunidades específicas para el crecimiento, como asignación de proyectos desafiantes.

4. Falta de Seguimiento:

Error: Olvidar dar seguimiento a las metas y objetivos que se establecieron puede hacer que los miembros del equipo se sientan desatendidos.

Consejo: Establece un sistema de seguimiento regular para evaluar el progreso de los objetivos de desarrollo y brinda apoyo continuo según sea necesario.

5. Sobrecontrol:

Error: Intentar controlar cada aspecto del desarrollo de los demás puede llevar a la falta de autonomía y desconfianza.

Consejo: Proporciona orientación y dirección, pero permite que los miembros del equipo tomen decisiones y enfrenten desafíos por sí mismos. Confía en sus capacidades.

6.   Falta de Flexibilidad:

Error: Mantener un enfoque rígido en las estrategias de desarrollo sin adaptarse a las necesidades cambiantes de los individuos puede ser contraproducente.

Consejo: Ajusta tus enfoques de mentoría según las preferencias y circunstancias de cada persona. Permite espacio para la personalización.

7.   Falta de Reconocimiento:

Error: No reconocer los logros y esfuerzos de los demás puede minar su motivación y sentido de logro.

Consejo: Celebra los éxitos y logros de manera genuina. Reconoce el progreso y el crecimiento, por pequeños que sean.

8.   Mentoría No Solicitada:

Error: Ofrecer consejos y mentoría sin ser solicitado puede ser percibido como intrusivo o no deseado.

Consejo: Pregunta si la persona está abierta a recibir consejo o mentoría antes de ofrecerla. Respeta sus límites y decisiones.

9.   Falta de Autenticidad:

Error: Actuar como mentor sin autenticidad y sin mostrar tu propia vulnerabilidad puede crear barreras en la relación.

Consejo: Comparte tus experiencias y desafíos personales de manera adecuada. Muestra que eres humano y que estás dispuesto a aprender también.

Evitar estos errores requiere autoconciencia, empatía y un enfoque genuino en el bienestar y desarrollo de los demás.

Al mantener una actitud abierta, escuchar activamente y adaptar tu enfoque según las necesidades individuales, puedes ser un líder más efectivo como guía y mentor.

III) Conclusiones y reflexiones

5.   Para qué es importante:

Se resaltan los beneficios de ser un líder como guía y mentor, como el desarrollo de un talento sólido, la promoción de la lealtad y la retención de empleados, la creación de una cultura de aprendizaje y el fomento de un ambiente colaborativo y de crecimiento.

Ser un líder efectivo como guía y mentor ofrece una serie de beneficios significativos tanto para los líderes como para los miembros del equipo y la organización en su conjunto. Aquí están algunos de los beneficios clave:

1.   Desarrollo de un Talento Sólido: Al invertir tiempo y esfuerzo en guiar y mentorar a los miembros de tu equipo, estás contribuyendo al desarrollo de un talento sólido y altamente capacitado.

Esto crea una fuerza laboral más competente y adaptable, lo que puede resultar en un mayor rendimiento y éxito a largo plazo.

2.   Promoción de la Lealtad y Retención de Empleados: Los empleados que reciben orientación y apoyo para su crecimiento profesional suelen sentirse valorados y comprometidos. La mentoría muestra que la organización está dispuesta a invertir en su desarrollo, lo que puede aumentar la lealtad y la retención de empleados.

3.   Creación de una Cultura de Aprendizaje: Al ser un líder como guía y mentor, fomentas una cultura de aprendizaje continuo en la organización. Esto inspira a los miembros del equipo a buscar oportunidades para mejorar y adquirir nuevas habilidades, lo que a su vez puede impulsar la innovación y la adaptabilidad.

4. Fomento de un Ambiente Colaborativo y de Crecimiento: La mentoría promueve la colaboración y el trabajo en equipo, ya que los miembros del equipo se sienten apoyados y alentados a compartir conocimientos y experiencias. Esto puede llevar a una mayor sinergia y a la resolución más eficaz de problemas.

5. Crecimiento Profesional y Personal de los Líderes: Actuar como guía y mentor también beneficia a los líderes. Ayudar a otros a crecer y tener éxito puede ser enormemente gratificante. Además, a medida que enseñas y compartes tus conocimientos, también puedes fortalecer tus propias habilidades de comunicación y liderazgo.

6. Impulso en la Motivación y el Compromiso: Los líderes que brindan orientación y apoyo motivan a sus equipos a esforzarse más y a sentirse comprometidos con sus responsabilidades.

Los miembros del equipo son más propensos a dar lo mejor de sí mismos cuando ven que su líder se preocupa por su crecimiento y éxito.

7. Construcción de Relaciones Significativas: La mentoría crea relaciones significativas y duraderas entre líderes y seguidores.

Estas conexiones van más allá de lo puramente laboral y pueden tener un impacto positivo en el bienestar y la satisfacción en el trabajo.

8. Mejora de la Imagen de la Organización: Las organizaciones que valoran y practican la mentoría pueden ser vistas como lugares donde los empleados tienen la oportunidad de crecer y prosperar.

Esto puede atraer a nuevos talentos y fortalecer la reputación de la empresa.

En resumen, ser un líder como guía y mentor no solo beneficia a los miembros del equipo y a la organización, sino que también enriquece la experiencia de liderazgo en sí.

La inversión en el crecimiento y el desarrollo de los demás puede generar un impacto duradero en el éxito individual y colectivo.

6.   Escenarios futuros:

Se explorarán los posibles escenarios futuros en los que el liderazgo como guía y mentor sea aún más relevante, considerando factores como la demanda de líderes capaces de cultivar el potencial de las nuevas generaciones, el envejecimiento de la fuerza laboral y la importancia del aprendizaje continuo.

Se discutirán las habilidades y competencias necesarias para liderar en estos escenarios.

El liderazgo como guía y mentor se volverá cada vez más relevante en una variedad de escenarios futuros debido a la evolución de la fuerza laboral, las expectativas cambiantes de los empleados y la naturaleza en constante cambio del entorno laboral.

Aquí hay algunos escenarios futuros en los que este enfoque de liderazgo será especialmente crucial:

1.   Cultivar el Potencial de las Nuevas Generaciones: A medida que las nuevas generaciones ingresan a la fuerza laboral, habrá una creciente demanda de líderes que puedan guiar y mentorar a estos jóvenes talentos.

Los líderes deberán adaptarse a las preferencias y necesidades únicas de estas generaciones, brindando orientación y apoyo mientras les permiten contribuir con sus habilidades y perspectivas frescas.

2.   Envejecimiento de la Fuerza Laboral: Con una población laboral que envejece, el liderazgo como guía y mentor se vuelve esencial para transferir conocimientos y experiencias de los empleados veteranos a los más jóvenes.

Los líderes deberán facilitar la transferencia de habilidades y asegurarse de que el conocimiento no se pierda a medida que los empleados se jubilan.

3.   Importancia del Aprendizaje Continuo: En un mundo donde la tecnología y las industrias cambian rápidamente, el aprendizaje continuo es esencial.

Los líderes deben fomentar una cultura de aprendizaje y desarrollo, proporcionando oportunidades para que los empleados adquieran nuevas habilidades y se mantengan actualizados en su campo.

4.   Trabajo Remoto y Virtual: A medida que el trabajo remoto y virtual se vuelva más común, los líderes deberán adaptar sus enfoques de mentoría para garantizar que los miembros del equipo se sientan conectados y respaldados.

La mentoría virtual requerirá habilidades adicionales en comunicación y establecimiento de relaciones a distancia.

5.   Flexibilidad y Adaptabilidad: En un entorno laboral en constante cambio, los líderes deberán ser flexibles y adaptables. Deberán guiar a sus equipos a través de cambios y desafíos, al mismo tiempo que fomentan la resiliencia y la mentalidad de crecimiento.

6.   Diversidad e Inclusión: El liderazgo como guía y mentor será esencial para crear entornos de trabajo inclusivos y diversos. Los líderes deberán ayudar a todos los miembros del equipo a alcanzar su potencial y reconocer el valor de la diversidad en la toma de decisiones y la innovación.

Habilidades y Competencias Necesarias:

•   Empatía y Escucha Activa: Los líderes deben ser capaces de entender las necesidades y perspectivas de los demás, practicando una escucha activa y demostrando genuina empatía.

•   Comunicación Clara y Abierta: La comunicación efectiva es clave para guiar y mentorar con éxito. Los líderes deben ser capaces de transmitir información de manera clara y mantener líneas de comunicación abiertas.

- Flexibilidad y Adaptabilidad: Los líderes deben estar dispuestos a adaptarse a nuevas situaciones y desafíos, alentando a su equipo a hacer lo mismo.

- Mentalidad de Aprendizaje: Los líderes deben ser modelos a seguir en cuanto a la búsqueda continua de conocimiento y habilidades. La demostración de una mentalidad de aprendizaje fomentará esta actitud en los demás.

- Habilidad para Personalizar la Mentoría: Cada individuo tiene necesidades y metas únicas. Los líderes deben ser capaces de personalizar su enfoque de mentoría para adaptarse a las características y objetivos de cada persona.

- Visión a Largo Plazo: Los líderes deben ser capaces de ver más allá de los desafíos inmediatos y guiar a los miembros del equipo hacia el crecimiento a largo plazo y el éxito sostenible.

- Habilidad para Construir Relaciones: La mentoría implica construir relaciones sólidas basadas en la confianza y el respeto. Los líderes deben ser capaces de establecer conexiones significativas con los demás.

En resumen, el liderazgo como guía y mentor será esencial para abordar los desafíos cambiantes y las expectativas de la fuerza laboral en evolución. Los líderes que desarrollen estas habilidades y competencias estarán mejor posicionados para inspirar, apoyar y guiar a sus equipos hacia el éxito en un entorno laboral dinámico y desafiante.

Proyecciones del líder como guía y mentor a futuro:

En el futuro, se espera que el liderazgo como guía y mentor se vuelva aún más esencial.

Los líderes del futuro deberán ser capaces de cultivar un entorno en el que el aprendizaje y el desarrollo sean prioridades.

El liderazgo como guía y mentor será fundamental para fomentar un crecimiento y un desarrollo sostenibles en un mundo en constante cambio.

En el futuro, el liderazgo como guía y mentor se espera que sea aún más esencial debido a la evolución constante de la tecnología, la economía y la sociedad en general.

A medida que nos adentramos en una era de cambios rápidos y desafíos complejos, los líderes del futuro tendrán que desempeñar un papel fundamental en la creación de entornos de trabajo donde el aprendizaje y el desarrollo sean prioridades centrales.

Aquí hay algunas razones por las cuales este enfoque de liderazgo será aún más vital:

1.   Aceleración del Cambio y la Innovación: En un mundo donde la tecnología y las industrias cambian rápidamente, el aprendizaje continuo se vuelve esencial.

Los líderes del futuro deberán guiar a sus equipos a través de estos cambios, alentándolos a adquirir nuevas habilidades y adaptarse a nuevas formas de trabajar.

2.   Necesidad de Adaptabilidad y Flexibilidad: Los líderes del futuro deberán ser capaces de liderar en entornos de incertidumbre y cambios constantes. La capacidad de guiar a los demás en la adaptación a nuevas situaciones y desafíos será esencial para el éxito individual y organizacional.

3.   Importancia de la Colaboración y la Diversidad: La colaboración y la diversidad son fundamentales para la innovación y la resolución de problemas complejos.

Los líderes del futuro deberán fomentar un ambiente donde todos los miembros del equipo se sientan valorados y empoderados para contribuir con sus perspectivas únicas.

4.   Desarrollo de Habilidades Interpersonales: A medida que la automatización y la inteligencia artificial transforman la naturaleza del trabajo, las habilidades interpersonales se vuelven aún más valiosas. Los líderes del futuro deberán guiar a sus equipos en el desarrollo de habilidades como la comunicación efectiva y la empatía.

5.   Bienestar y Satisfacción de los Empleados: Los empleados del futuro valorarán cada vez más las oportunidades de desarrollo y crecimiento en su lugar de trabajo.

Los líderes que pueden brindar orientación y apoyo en el desarrollo personal y profesional contribuirán al bienestar y la satisfacción de sus equipos.

6.   Mentoría Virtual y Global: La globalización y la tecnología permitirán la colaboración entre equipos ubicados en diferentes partes del mundo.

Los líderes del futuro deberán ser expertos en mentoría virtual y en el manejo de equipos multiculturales.

7.   Liderazgo Transformacional: En lugar de simplemente administrar tareas, los líderes del futuro deberán inspirar y empoderar a sus equipos.

Esto implica actuar como modelos a seguir, promoviendo una Visión compartida y fomentando un sentido de propósito.

8.   Promoción de la Autonomía y la Responsabilidad: Los líderes del futuro deberán promover la autonomía y la toma de decisiones en sus equipos.

Esto requiere confiar en las capacidades de los miembros del equipo y permitirles tener un mayor control sobre su trabajo.

En resumen, el liderazgo como guía y mentor será fundamental en el futuro para enfrentar los desafíos y aprovechar las oportunidades en un mundo en constante cambio.

Los líderes que puedan cultivar un entorno de aprendizaje y desarrollo, brindar retroalimentación constructiva y actuar como modelos a seguir serán los que lideren a sus equipos hacia el crecimiento sostenible y el éxito en los años venideros.

"Un buen líder lleva a su equipo de la mano...

Un gran líder los lleva del Corazón."

John C. Maxwell (Siglo XXI)

Capítulo 7: Desarrollando la resiliencia en el liderazgo

I) Planteamiento y postura

1.   Antecedentes:

En este capítulo, se exploran los antecedentes históricos y teóricos que resaltan la importancia de la resiliencia en el liderazgo.

Se analizan los enfoques que demuestran cómo la capacidad de recuperarse de las adversidades y manejar el estrés puede fortalecer la efectividad del líder. La importancia de la resiliencia en el liderazgo ha sido reconocida a lo largo de la historia en diferentes contextos culturales y teóricos. La resiliencia se refiere a la capacidad de una persona para enfrentar y recuperarse de las adversidades, el estrés y las dificultades, manteniendo su funcionamiento y bienestar. A continuación, exploraré algunos antecedentes históricos y teóricos que resaltan esta importancia:

Antecedentes Históricos:

1.   Filosofía Estoica (Siglos III a.C. - III d.C.): Los filósofos estoicos, como Séneca, Epicteto y Marco Aurelio, promovieron la idea de que el control interno sobre las reacciones emocionales y el desarrollo de la virtud eran esenciales para enfrentar las adversidades.

Esta filosofía enfatizaba la importancia de aceptar lo que no se puede cambiar y centrarse en lo que se puede controlar.

2.   Liderazgo en Tiempos de Crisis (Siglos XIX y XX): A lo largo de la historia, líderes como Abraham Lincoln, Winston Churchill y Nelson Mandela demostraron resiliencia en momentos de crisis.

Su capacidad para mantener la calma, liderar con confianza y resistir la adversidad influyó en la manera en que sus sociedades afrontaron situaciones desafiantes.

Teorías Relevantes:

1.   Teoría de la Dureza Psicológica (1960s - 1970s): Desarrollada por Salvatore Maddi y Suzanne Kobasa, esta teoría se centró en la resistencia y adaptación al estrés. Argumentaron que las personas con alta "dureza psicológica" tenían una mayor resiliencia para manejar las presiones y desafíos. Esta teoría fue precursora de investigaciones posteriores sobre la resiliencia en el liderazgo.

2.   Teoría del Liderazgo Transformacional (1980s - 1990s): Los teóricos del liderazgo transformacional, como James MacGregor Burns y Bernard Bass, enfatizaron la capacidad de los líderes para inspirar y motivar a sus seguidores a superar obstáculos.

Los líderes transformacionales utilizan su propia resiliencia para crear un entorno donde la innovación y la adaptación son valores clave.

3.   Modelo de Liderazgo Resiliente (2000s): Investigadores como Andrew Shatte y Karen Reivich desarrollaron un modelo de liderazgo resiliente que se basa en la psicología positiva y la resiliencia emocional. El modelo identifica habilidades clave, como la regulación emocional, la autogestión y la construcción de relaciones, como fundamentales para el liderazgo efectivo.

4.   Teoría del Liderazgo Auténtico (2000s): La teoría del liderazgo auténtico, desarrollada por Bill George, destaca la importancia de la autenticidad y la autoconciencia en el liderazgo. Los líderes auténticos son capaces de enfrentar sus propias debilidades y experiencias traumáticas, lo que contribuye a su capacidad de manejar el estrés y liderar en situaciones desafiantes.

En resumen, la resiliencia en el liderazgo se ha destacado a lo largo de la historia en diferentes culturas y contextos. Desde la filosofía estoica hasta las teorías modernas del liderazgo, la capacidad de un líder para recuperarse de las adversidades y manejar el estrés se ha reconocido como un atributo esencial para la efectividad y la influencia positiva en los demás.

La combinación de enfoques filosóficos, teorías psicológicas y modelos de liderazgo ha contribuido a nuestra comprensión de cómo la resiliencia puede fortalecer la capacidad de liderazgo en diferentes situaciones.

Génesis del desarrollo de la resiliencia en el liderazgo:

A lo largo de la historia, los líderes han enfrentado desafíos y adversidades en su búsqueda de objetivos y logros. La resiliencia ha sido un elemento clave en el liderazgo, permitiendo a los líderes superar obstáculos, recuperarse de fracasos y mantenerse firmes en medio de la incertidumbre.

El desarrollo de la resiliencia ha sido una respuesta necesaria a los desafíos cambiantes y exigentes que los líderes enfrentan. A lo largo de la historia, los líderes han enfrentado una amplia gama de desafíos y adversidades en su búsqueda de objetivos y logros. La resiliencia ha sido un elemento crucial en el liderazgo, ya que ha permitido a los líderes superar obstáculos, recuperarse de fracasos y mantenerse firmes en medio de la incertidumbre. Aquí hay algunos ejemplos históricos que ilustran cómo la resiliencia ha sido fundamental para el liderazgo en diferentes épocas y contextos:

1.   Abraham Lincoln (Siglo XIX - Estados Unidos): Lincoln, uno de los presidentes más icónicos de Estados Unidos, demostró una increíble resiliencia durante la Guerra Civil. Enfrentó desafíos devastadores, incluidas divisiones profundas en el país y la pérdida de vidas en ambos lados. Su habilidad para mantenerse enfocado en su objetivo de preservar la Unión y su habilidad para mantener la calma en medio de la adversidad lo convirtieron en un líder efectivo en tiempos turbulentos.

2.   Winston Churchill (Siglo XX - Reino Unido): Durante la Segunda Guerra Mundial, Churchill lideró al Reino Unido a través de uno de los momentos más oscuros de su historia. Enfrentó la amenaza de la invasión nazi y la posibilidad de derrota. A pesar de los reveses, Churchill mantuvo un discurso enérgico y una actitud optimista, lo que inspiró a su nación a resistir y luchar contra la adversidad.

3.   Nelson Mandela (Siglo XX - Sudáfrica): Mandela pasó 27 años en prisión por su lucha contra el apartheid en Sudáfrica. Su resiliencia fue evidente en su capacidad para mantenerse firme en sus convicciones y su enfoque en la reconciliación y la unidad una vez que fue liberado. A pesar de las dificultades, Mandela demostró una habilidad excepcional para superar la amargura y el resentimiento.

4.   Empresarios y Visionarios (Siglo XXI - Varios países): En la era moderna, líderes empresariales y visionarios como Steve Jobs y Elon Musk han enfrentado desafíos y fracasos en sus esfuerzos por innovar y cambiar industrias enteras. Su resiliencia se manifiesta en su capacidad para seguir adelante incluso cuando sus ideas fueron rechazadas inicialmente o cuando se enfrentaron a obstáculos tecnológicos y financieros.

En todos estos casos, la resiliencia permitió a los líderes mantenerse enfocados en sus objetivos a pesar de las dificultades. La capacidad de recuperarse de los fracasos, adaptarse a circunstancias cambiantes y mantener una mentalidad positiva en medio de la incertidumbre fue lo que distinguió a estos líderes.

La resiliencia no solo los ayudó a superar obstáculos, sino que también inspiró a otros a seguir su ejemplo y unirse en torno a su Visión. En última instancia, el desarrollo de la resiliencia se ha convertido en una respuesta necesaria a los desafíos cambiantes y exigentes que los líderes enfrentan en todas las épocas.

Por supuesto, aquí se presentan algunos ejemplos adicionales de líderes y autores del siglo XX y XXI que han demostrado resiliencia en su búsqueda de objetivos y logros:

Siglo XX:

1.   Franklin D. Roosevelt (Estados Unidos): Durante la Gran Depresión y la Segunda Guerra Mundial, Roosevelt mostró resiliencia al implementar políticas para revitalizar la economía y liderar a su país en un momento de crisis sin precedentes.

2.   Anne Frank (Países Bajos): A pesar de su corta vida, Anne Frank dejó un impacto duradero con su diario, que documenta su vida oculta durante el Holocausto.

Su capacidad para mantener la esperanza y la positividad en condiciones extremadamente difíciles resalta su resiliencia emocional.

3.   Martin Luther King Jr. (Estados Unidos): King lideró el movimiento por los derechos civiles y enfrentó la violencia y la discriminación en su lucha por la igualdad racial. Su resiliencia se manifestó en su enfoque en la no violencia y su determinación en la búsqueda de la justicia social.

Siglo XXI:

1.   Malala Yousafzai (Pakistán): Después de sobrevivir a un intento de asesinato por parte de los talibanes debido a su defensa de la educación de las niñas, Malala se convirtió en una defensora global de la educación y los derechos de las mujeres.

Su resiliencia ante la adversidad la ha llevado a inspirar a millones de personas en todo el mundo.

2.   Pope Francis (Argentina): El Papa Francisco ha abordado temas controvertidos en la Iglesia Católica y ha abogado por un enfoque más inclusivo y compasivo. Su resiliencia se manifiesta en su voluntad de enfrentar críticas y oposición mientras trabaja por el cambio positivo.

3.   Jacinda Ardern (Nueva Zelanda): Como primera ministra de Nueva Zelanda, Ardern lideró a su país con calma y compasión después del ataque terrorista en Christchurch en 2019. Su enfoque resiliente en la unidad y la diversidad demostró su capacidad de liderazgo en momentos de crisis.

4.   Jeff Bezos (Estados Unidos): El fundador de Amazon, Jeff Bezos, ha enfrentado obstáculos y escepticismo en la creación y expansión de su empresa.

Su enfoque en la innovación y su voluntad de asumir riesgos han sido indicativos de su resiliencia como líder empresarial.

Estos líderes y autores del siglo XX y XXI han demostrado de diversas maneras su capacidad para enfrentar desafíos y adversidades. Su resiliencia les permitió seguir adelante en la búsqueda de sus objetivos, inspirar a otros y hacer contribuciones significativas en sus respectivos campos.

2.   En qué consiste.

Situación actual:

Se explica en qué consiste desarrollar la resiliencia en el liderazgo y su relevancia.

Se abordan los desafíos que los líderes enfrentan en un entorno volátil, incierto, complejo, ambiguo e hiperconectado (VUCAH, por sus siglas en inglés).

Desarrollar la resiliencia en el liderazgo implica cultivar la capacidad de adaptarse, recuperarse y prosperar en medio de desafíos, adversidades y cambios constantes.

Los líderes resilientes no solo pueden manejar el estrés y superar obstáculos, sino que también pueden mantener un enfoque positivo y efectivo mientras guían a sus equipos y organizaciones a través de situaciones difíciles.

La resiliencia es crucial en un entorno empresarial y social que es cada vez más volátil, incierto, complejo, ambiguo e hiperconetado (VUCAH, por sus siglas en inglés), ya que brinda a los líderes la capacidad de enfrentar los siguientes desafíos:

VUCAH (Volatility, Uncertainty, Complexity, Ambiguity, Hyperconnectivity):

1.   Volatility (Volatilidad): Los cambios rápidos y las fluctuaciones inesperadas son comunes en un entorno VUCA.

Los líderes resilientes pueden adaptarse a las circunstancias cambiantes y ajustar su enfoque según sea necesario, evitando quedar atrapados en patrones de pensamiento rígidos.

2. Uncertainty (Incertidumbre): La falta de predictibilidad y la incertidumbre sobre el futuro pueden generar ansiedad y dudas.

Los líderes resilientes pueden manejar la ambigüedad y tomar decisiones informadas incluso cuando no tienen toda la información disponible.

3. Complexity (Complejidad): Los problemas y desafíos en un entorno VUCA suelen ser intrincados y multifacéticos.

Los líderes resilientes pueden descomponer problemas complejos en partes manejables y abordar cada aspecto de manera estratégica.

4. Ambiguity (Ambigüedad): Las situaciones ambiguas pueden llevar a la confusión y la falta de claridad en cuanto a los roles y objetivos.

Los líderes resilientes pueden comunicar de manera efectiva, establecer expectativas claras y mantener la cohesión en equipos a pesar de la ambigüedad.

5. Hyperconnectivity (Hipernonectividad): En un entorno altamente conectado, los líderes deben manejar grandes cantidades de información y relaciones interconectadas.

La resiliencia implica la capacidad de filtrar información relevante, establecer prioridades y mantener el enfoque en los objetivos.

La relevancia de desarrollar la resiliencia en el liderazgo radica en varios aspectos:

1. Toma de Decisiones Eficiente: Los líderes resilientes pueden tomar decisiones fundamentadas y efectivas incluso en condiciones inciertas, lo que les permite guiar a sus equipos de manera confiable y mantener la dirección.

2. Innovación y Adaptación: La resiliencia fomenta la mentalidad abierta y la disposición a probar nuevas ideas y enfoques.

Los líderes resilientes están dispuestos a innovar y adaptarse a los cambios, lo que es esencial en un entorno VUCAH.

3. Motivación del Equipo: Los líderes resilientes transmiten confianza y optimismo a sus equipos, lo que motiva a los miembros del equipo a superar desafíos y afrontar la adversidad con una actitud positiva.

4. Capacidad de Recuperación: La resiliencia permite a los líderes recuperarse más rápidamente de los fracasos y contratiempos, aprendiendo lecciones valiosas en el proceso y utilizando esas experiencias para crecer y mejorar.

5. Cohesión y Comunicación: En un entorno VUCAH, la comunicación efectiva y la cohesión del equipo son fundamentales.

Los líderes resilientes son capaces de mantener la calma y mantener líneas de comunicación abiertas, lo que ayuda a mantener la unidad en momentos de incertidumbre.

En resumen, la resiliencia en el liderazgo es esencial para enfrentar los desafíos de un entorno VUCAH.

Los líderes resilientes pueden navegar por la volatilidad, la incertidumbre, la complejidad y la ambigüedad con confianza y efectividad, lo que a su vez influye positivamente en su equipo y organización.

Desarrollar la resiliencia no solo es una habilidad individual valiosa, sino que también contribuye al éxito sostenible de una organización en un mundo en constante cambio.

Desarrollar la resiliencia en el liderazgo en entornos quebradizos (Brittle), ansiosos (Anxious), NO lineales (Non-linear), incomprensibles (Incomprehensible) (BANI), así como en entornos TUNA (Turbulent, Uncertain, New, Ambiguous) es esencial para liderar de manera efectiva en situaciones altamente desafiantes y cambiantes.

A continuación, exploraremos cada uno de estos contextos y cómo la resiliencia juega un papel fundamental:

BANI (Brittle, Anxious, Non-linear, Incomprehensible):

1.   Brittle (Quebradizo): Los líderes en entornos quebradizos enfrentan situaciones frágiles y propensas a romperse. Desarrollar resiliencia aquí implica la capacidad de adaptarse rápidamente a las circunstancias cambiantes y encontrar soluciones creativas en medio de la fragilidad.

2.   Anxious (Ansioso): La ansiedad puede afectar el juicio y la toma de decisiones. Los líderes resilientes en entornos ansiosos pueden manejar sus propias emociones y fomentar la calma en sus equipos, lo que les permite enfrentar los desafíos con claridad y enfoque.

3.   Non-linear (No Lineal): Los cambios no siempre siguen patrones lineales predecibles en entornos no lineales.

Los líderes resilientes pueden comprender y adaptarse a las complejidades de los cambios no lineales, manteniendo una mentalidad flexible y abierta.

4.   Incomprehensible (Incomprensible): En situaciones incomprensibles, la falta de claridad puede generar confusión y desorientación. Los líderes resilientes pueden comunicarse de manera efectiva, proporcionando orientación y manteniendo un sentido de dirección incluso cuando la comprensión completa es difícil de alcanzar.

TUNA (Turbulent, Uncertain, New, Ambiguous):

1.   Turbulent (Turbulento): Los líderes resilientes en entornos turbulentos pueden mantener la estabilidad emocional y estratégica mientras enfrentan cambios y crisis constantes. Pueden tomar decisiones informadas en medio del caos y liderar a sus equipos con seguridad.

2.   Uncertain (Incierto): La resiliencia en entornos inciertos implica tomar decisiones a pesar de la falta de información completa.

Los líderes resilientes pueden aceptar la incertidumbre, planificar en escenarios y tomar medidas basadas en su intuición y conocimiento.

3. New (Nuevo): La adaptación a lo nuevo requiere flexibilidad y disposición para aprender. Los líderes resilientes pueden abrazar lo nuevo, promover la innovación y guiar a sus equipos a través de procesos de cambio.

4. Ambiguous (Ambiguo): En entornos ambiguos, la claridad puede ser escasa. Los líderes resilientes pueden comunicarse con transparencia, establecer límites claros y guiar a sus equipos a través de situaciones desafiantes con confianza.

La relevancia de desarrollar la resiliencia en estos entornos radica en la capacidad del líder para enfrentar desafíos y mantener un desempeño efectivo a pesar de las condiciones complejas y cambiantes.

La resiliencia permite a los líderes mantener la calma, tomar decisiones informadas, mantener la motivación del equipo y liderar con confianza incluso en circunstancias difíciles.

En última instancia, la resiliencia en el liderazgo es una habilidad fundamental para navegar con éxito en entornos BANI, VUCAH y TUNA, donde la adaptabilidad y la mentalidad resiliente se convierten en factores cruciales para el éxito sostenible

El desarrollo de la resiliencia en el liderazgo en la actualidad:

En la actualidad, se reconoce que la resiliencia es esencial para el liderazgo efectivo.

Los líderes resilientes son capaces de mantener la calma en situaciones estresantes, aprender de los fracasos y adaptarse a los cambios.

La resiliencia permite a los líderes mantenerse enérgicos y enfocados, y también inspira a su equipo a superar los desafíos.

La resiliencia se ha vuelto ampliamente reconocida como esencial para el liderazgo efectivo en la actualidad.

Esto se debe a una serie de razones clave que destacan la importancia de la resiliencia en el liderazgo contemporáneo:

1.   Entornos de Negocios Cambiantes: En la era moderna, los líderes se enfrentan a entornos empresariales que evolucionan rápidamente. La globalización, la tecnología en constante cambio y la competencia feroz hacen que las organizaciones operen en un entorno altamente dinámico. Los líderes resilientes están mejor preparados para adaptarse y liderar sus organizaciones en medio de la volatilidad y la incertidumbre.

2.   Crisis y Desafíos Inesperados: Las crisis pueden surgir en cualquier momento, ya sea una recesión económica, una pandemia global o una crisis de reputación. Los líderes resilientes son capaces de mantener la calma en situaciones de alta presión y tomar decisiones efectivas en medio de la incertidumbre.

3.   Aprendizaje de Fracasos: La resiliencia implica la capacidad de aprender y crecer a partir de los fracasos. Los líderes que pueden enfrentar el fracaso sin desmoronarse son más propensos a encontrar oportunidades de mejora y a fomentar una cultura organizativa que valora la innovación y la toma de riesgos.

4.   Desarrollo de Equipos de Alto Rendimiento: Los líderes resilientes inspiran a sus equipos a superar los desafíos. La capacidad de mantener la motivación, la confianza y la positividad en situaciones difíciles es fundamental para liderar equipos de alto rendimiento y mantener la moral en tiempos complicados.

5.   Autenticidad y Transparencia: Los líderes resilientes suelen ser auténticos y transparentes. Comparten sus experiencias y desafíos personales, lo que puede fomentar la confianza y la conexión con sus equipos. Esta autenticidad puede ayudar a crear un ambiente de trabajo más saludable y colaborativo.

6.   Salud Mental y Bienestar: La resiliencia es fundamental para el bienestar mental de los líderes.

En un mundo donde el estrés es común, los líderes resilientes tienen una mayor probabilidad de mantener un equilibrio entre el trabajo y la vida personal y de gestionar el estrés de manera efectiva, lo que contribuye a su longevidad en roles de liderazgo.

En resumen, la resiliencia es esencial para el liderazgo efectivo en la actualidad debido a la naturaleza cambiante y desafiante de los entornos empresariales y sociales.

Los líderes resilientes son capaces de enfrentar el estrés, aprender de los fracasos y mantener la motivación y el enfoque a pesar de los obstáculos.

Además, inspiran a sus equipos a superar los desafíos y fomentan una cultura de adaptación y crecimiento en sus organizaciones.

La resiliencia, por lo tanto, se ha convertido en un atributo clave que se busca en los líderes contemporáneos.

II) Desarrollo y propuesta

3.   Cómo hacerlo:

Se presentan estrategias y prácticas para desarrollar la resiliencia en el liderazgo.

Se exploran métodos como la gestión del estrés, la autoconciencia, la adaptabilidad, la construcción de redes de apoyo y la capacidad de aprender de los fracasos.

El liderazgo es un viaje, no un destino. En el camino, nos enfrentaremos a desafíos y obstáculos. Necesitaremos ser capaces de superar estos desafíos y obstáculos para tener éxito.

La resiliencia es la capacidad de recuperarse de los desafíos y obstáculos. Es la capacidad de seguir adelante, incluso cuando las cosas se ponen difíciles.

Para desarrollar la resiliencia, necesitamos aprender a lidiar con el estrés y la presión.

También necesitamos aprender a superar los fracasos. Necesitamos aprender a ver los desafíos como oportunidades de crecimiento.

Cuando somos resilientes, somos capaces de superar cualquier obstáculo. Somos capaces de alcanzar nuestros objetivos y hacer del mundo un lugar mejor.

Desarrollar la resiliencia en el liderazgo es un proceso continuo y requiere la adopción de diversas estrategias y prácticas. Aquí te presento algunas de las estrategias clave para cultivar la resiliencia en el liderazgo:

1.   Gestión del Estrés:

Mindfulness y Meditación: La práctica de la atención plena puede ayudar a los líderes a reducir el estrés y mejorar su capacidad para mantener la calma en situaciones difíciles.

Planificación y Priorización: La gestión efectiva del tiempo y la priorización de tareas pueden reducir la presión y aumentar la sensación de control sobre las responsabilidades laborales.

2.   Autoconciencia:

Autoevaluación: Los líderes deben reflexionar sobre sus fortalezas, debilidades y patrones de reacción ante el estrés.

Esto les permite tomar decisiones informadas y desarrollar estrategias de manejo del estrés más efectivas.

Feedback y Coaching: Buscar feedback de colegas y mentores puede ayudar a los líderes a ganar una comprensión más profunda de sí mismos y mejorar sus habilidades de liderazgo.

3.   Adaptabilidad:

Mentalidad de Aprendizaje: Fomentar una mentalidad de aprendizaje significa ver los desafíos como oportunidades para crecer y aprender. Los líderes resilientes están dispuestos a adaptarse y aprender de nuevas experiencias.

Flexibilidad: La capacidad de ajustarse a las circunstancias cambiantes es esencial. Los líderes deben estar dispuestos a revisar sus planes y estrategias cuando sea necesario.

4. Construcción de Redes de Apoyo:

Conexiones Personales: Mantener relaciones cercanas y de apoyo con amigos y familiares puede proporcionar un sistema de apoyo invaluable en momentos difíciles.

Mentoría y Coaching: Buscar la orientación de un mentor o coach experimentado puede brindar perspectivas valiosas y apoyo profesional.

5. Aprender de los Fracasos:

Resiliencia Post-Fracaso: Desarrollar la capacidad de recuperarse de los fracasos es esencial.

Los líderes resilientes ven los fracasos como oportunidades de aprendizaje y no como derrotas definitivas.

Retroalimentación Constructiva: Solicitar feedback tras un fracaso puede proporcionar información valiosa para la mejora personal y profesional.

6. Autocuidado:

Ejercicio y Nutrición: Mantener un estilo de vida saludable con actividad física regular y una dieta equilibrada puede mejorar la resistencia al estrés.

Descanso y Sueño: El descanso adecuado es fundamental para la toma de decisiones y la resiliencia emocional.

7. Establecer Metas Realistas:

Establecimiento de Objetivos: Definir metas claras y alcanzables puede ayudar a los líderes a mantenerse enfocados y motivados. Evitar el perfeccionismo y aceptar que los errores son parte del proceso.

8.   Desarrollar Habilidades de Comunicación:

Comunicación Abierta y Transparente: Fomentar una cultura de comunicación abierta en el equipo puede mejorar la comprensión mutua y reducir la ambigüedad.

Empatía: Escuchar activamente a los demás y mostrar empatía puede fortalecer las relaciones y aumentar la cohesión del equipo.

Recuerda que el liderazgo es un viaje continuo que implica enfrentar desafíos y obstáculos. Desarrollar la resiliencia es esencial para mantener la efectividad y el bienestar a lo largo de este viaje. No se trata de evitar los desafíos, sino de fortalecer la capacidad de superarlos y aprender de ellos.

La resiliencia no solo beneficia al líder individualmente, sino que también inspira a otros a seguir su ejemplo y contribuye al éxito sostenible de la organización.

4.   Qué evitar:

Se identifican las trampas y obstáculos comunes que pueden interferir con el desarrollo de la resiliencia en el liderazgo.

Se proporcionan consejos para evitar la negación de las emociones, la falta de autocuidado, la resistencia al cambio y la falta de flexibilidad.

El desarrollo de la resiliencia en el liderazgo puede verse obstaculizado por diversas trampas y obstáculos comunes.

Reconocer estos desafíos es el primer paso para superarlos. Aquí hay algunos obstáculos comunes y consejos para evitarlos:

1.   Negación de las Emociones:

Trampa: Algunos líderes pueden negar o reprimir sus emociones en lugar de enfrentarlas y gestionarlas adecuadamente.

Consejo: Fomentar la inteligencia emocional es fundamental. Reconoce y acepta tus emociones, y aprende a manejarlas de manera saludable. Busca apoyo emocional cuando sea necesario.

2.   Falta de Autocuidado:

Trampa: Los líderes a menudo descuidan su propio bienestar en favor de las responsabilidades laborales, lo que puede llevar al agotamiento.

Consejo: Prioriza el autocuidado, incluyendo el sueño, la alimentación adecuada, el ejercicio y el tiempo para ti mismo. Establece límites claros entre el trabajo y la vida personal.

3.   Resistencia al Cambio:

Trampa: Algunos líderes pueden resistirse al cambio, lo que les impide adaptarse y ser resilientes en entornos cambiantes.

Consejo: Cultiva una mentalidad de aprendizaje y reconoce que el cambio es inevitable. Busca oportunidades para aprender y crecer en situaciones de cambio.

4.   Falta de Flexibilidad:

Trampa: La rigidez mental puede dificultar la adaptación a nuevas circunstancias y la búsqueda de soluciones creativas.

Consejo: Practica la flexibilidad mental. Abraza la diversidad de opiniones y enfoques, y busca soluciones innovadoras ante desafíos.

5.   Perfeccionismo:

Trampa: El perfeccionismo puede llevar a la búsqueda implacable de resultados ideales y aumentar la presión y el estrés.

Consejo: Acepta que no todo puede ser perfecto y que los errores son oportunidades de aprendizaje.

Establece estándares realistas y celebra los logros, incluso los pequeños.

6.   Aislamiento:

Trampa: Algunos líderes pueden sentir que deben cargar con todo el peso de las decisiones y responsabilidades, lo que puede llevar al aislamiento.

Consejo: Busca apoyo en tu equipo, colegas, amigos o mentores. La colaboración y la comunicación abierta pueden aliviar la sensación de aislamiento.

7.   Falta de Planificación y Preparación:

Trampa: La falta de planificación para situaciones difíciles puede hacer que los líderes se sientan abrumados cuando surgen desafíos.

Consejo: Desarrolla planes de contingencia y estrategias de gestión del estrés. La preparación previa puede aumentar la sensación de control en situaciones complicadas.

8.   Exceso de Control:

Trampa: Algunos líderes pueden querer controlar todos los aspectos de una situación, lo que puede aumentar la tensión y la resistencia a la adaptación.

Consejo: Aprende a delegar y confiar en tu equipo. Permitir que otros asuman responsabilidades puede aliviar la carga y fomentar un entorno colaborativo.

En resumen, el desarrollo de la resiliencia en el liderazgo implica superar obstáculos comunes que pueden interferir con la adaptación y el manejo efectivo del estrés.

Reconocer y abordar estas trampas es esencial para cultivar la resiliencia y liderar de manera efectiva en un entorno cambiante y desafiante.

La resiliencia no solo beneficia al líder, sino que también tiene un impacto positivo en el equipo y la organización en su conjunto.

III) Conclusiones y reflexiones

5.   Para qué es importante:

Se resaltarán los beneficios de desarrollar la resiliencia en el liderazgo, como la capacidad de enfrentar los desafíos con mayor fortaleza, mantener la motivación y el enfoque en los objetivos, inspirar a los demás y adaptarse a los cambios y la incertidumbre.

Desarrollar la resiliencia en el liderazgo conlleva una serie de beneficios significativos que impactan tanto al líder como a su equipo y organización.

Aquí están los beneficios clave:

1.   Capacidad para Enfrentar Desafíos con Mayor Fortaleza:

Los líderes resilientes están mejor equipados para enfrentar y superar los desafíos, incluso en situaciones altamente estresantes o inesperadas.

Tienen una mayor capacidad de mantener la calma y tomar decisiones efectivas bajo presión.

2.   Mantener la Motivación y el Enfoque en los Objetivos:

La resiliencia permite a los líderes mantener su motivación y enfoque a pesar de los obstáculos.

Saben cómo recuperarse de los fracasos y mantener su determinación para alcanzar metas a largo plazo.

3.   Inspirar a los Demás:

Los líderes resilientes sirven de ejemplo para sus equipos. Su capacidad para superar desafíos y mantener una actitud positiva inspira a los demás a enfrentar dificultades con confianza y determinación.

4.   Adaptarse a los Cambios y la Incertidumbre:

En un entorno empresarial y social en constante cambio, la adaptabilidad es clave.

Los líderes resilientes pueden ajustarse a nuevas circunstancias y aprovechar oportunidades en medio de la incertidumbre.

5. Mejora de la Toma de Decisiones:

La capacidad de manejar el estrés y mantener la calma permite a los líderes tomar decisiones más claras y fundamentadas, lo que contribuye a un liderazgo más efectivo.

6. Fomento de la Innovación:

Los líderes resilientes están dispuestos a probar nuevas ideas y enfoques.

Esto fomenta un ambiente de trabajo que valora la innovación y la creatividad.

7. Mayor Bienestar y Salud Mental:

La resiliencia también tiene beneficios para el bienestar personal de los líderes. Puede reducir el estrés, prevenir el agotamiento y mejorar la salud mental y emocional.

8. Construcción de Relaciones de Confianza:

Los líderes que demuestran resiliencia a menudo construyen relaciones de confianza más sólidas con sus equipos y colegas.

La capacidad de mantener la calma y comunicarse de manera efectiva fomenta la confianza mutua.

9. Mejora de la Productividad y el Rendimiento:

La resiliencia puede aumentar la productividad y el rendimiento en el lugar de trabajo al reducir el impacto negativo del estrés en la toma de decisiones y la eficiencia.

10. Mayor Capacidad de Aprendizaje y Crecimiento:

Los líderes resilientes están abiertos a aprender de los fracasos y experiencias difíciles. Esta mentalidad de aprendizaje continuo impulsa el crecimiento personal y profesional.

En resumen, el desarrollo de la resiliencia en el liderazgo tiene una serie de beneficios que van más allá del individuo y tienen un impacto positivo en el equipo y la organización en su conjunto. Los líderes resilientes son fundamentales para guiar a sus equipos a través de desafíos y cambios, inspirando confianza y motivación en el proceso.

Esta capacidad de adaptación y fortaleza es esencial en un mundo en constante evolución y altamente competitivo.

6. Escenarios futuros:

Se explorarán los posibles escenarios futuros en los que la resiliencia sea aún más relevante en el liderazgo, considerando factores como la aceleración del cambio tecnológico, los retos socioeconómicos y la necesidad de líderes que inspiren y guíen a sus equipos a través de situaciones difíciles.

Se discutirán las habilidades y competencias necesarias para liderar en estos escenarios.

La resiliencia en el liderazgo seguirá siendo de vital importancia en un futuro marcado por la aceleración del cambio tecnológico, retos socioeconómicos y la necesidad de líderes que inspiren y guíen a sus equipos a través de situaciones difíciles.

Aquí se exploran posibles escenarios futuros en los que la resiliencia será especialmente relevante:

1. Avances Tecnológicos Rápidos:

Escenario: Los avances tecnológicos continuarán transformando industrias y sociedades a un ritmo acelerado, lo que puede generar incertidumbre y desafíos de adaptación.

Relevancia de la Resiliencia: Los líderes deben ser resilientes para mantenerse actualizados y adoptar nuevas tecnologías.

También necesitarán la capacidad de guiar a sus equipos a través de transiciones tecnológicas y gestionar la ansiedad y la resistencia al cambio.

2. Crisis Globales y Desafíos Socioeconómicos:

Escenario: Crisis globales como pandemias, crisis económicas y desastres naturales pueden afectar significativamente a las organizaciones y comunidades.

Relevancia de la Resiliencia: Los líderes resilientes pueden mantener la calma en medio de la crisis, tomar decisiones efectivas y proporcionar apoyo a sus equipos.

También deben ser capaces de planificar la resiliencia organizativa para enfrentar futuras crisis.

3. Cambio Climático y Sostenibilidad:

Escenario: La conciencia sobre el cambio climático y la sostenibilidad continuará creciendo, lo que requerirá líderes que aborden estos desafíos y se adapten a las expectativas cambiantes de los consumidores y las regulaciones.

Relevancia de la Resiliencia: Los líderes resilientes pueden liderar la transición hacia prácticas comerciales más sostenibles, enfrentar la resistencia al cambio y tomar decisiones a largo plazo en beneficio del medio ambiente y la comunidad.

4. Diversidad y Desigualdad:

Escenario: La diversidad y la inclusión se convertirán en temas críticos en el lugar de trabajo y la sociedad en general. Los líderes deben abordar la diversidad y la desigualdad de manera efectiva.

Relevancia de la Resiliencia: Los líderes resilientes pueden fomentar una cultura inclusiva, enfrentar la resistencia al cambio y promover la igualdad de oportunidades en el entorno laboral.

5. Desafíos Geopolíticos y Globales:

Escenario: Las tensiones geopolíticas y los desafíos globales como conflictos y migración pueden afectar a las empresas y comunidades en todo el mundo.

Relevancia de la Resiliencia: Los líderes resilientes pueden navegar por la incertidumbre geopolítica, adaptar estrategias empresariales y mantener relaciones internacionales efectivas.

Las habilidades y competencias necesarias para liderar en estos escenarios futuros incluyen:

1. Inteligencia Emocional: La capacidad de reconocer y gestionar las emociones propias y de los demás es fundamental para mantener la calma y fomentar la empatía en momentos de crisis.

2. Adaptabilidad: La disposición a abrazar el cambio y ajustar las estrategias según sea necesario es esencial para liderar en entornos cambiantes.

3. Comunicación Efectiva: La capacidad de comunicarse de manera clara y persuasiva es crucial para inspirar y guiar a los equipos en situaciones difíciles.

4. Pensamiento Estratégico: La habilidad para desarrollar estrategias a largo plazo y tomar decisiones informadas es esencial en un mundo complejo y en constante cambio.

5. Habilidad para Gestionar el Estrés: Los líderes necesitan habilidades efectivas de gestión del estrés para mantener la calma y tomar decisiones racionales bajo presión.

6.   Empatía y Diversidad: La capacidad de comprender y valorar las perspectivas diversas es fundamental para liderar equipos diversos y promover la inclusión.

7.   Mentalidad de Aprendizaje: Los líderes deben ser aprendices continuos, dispuestos a adquirir nuevas habilidades y conocimientos a medida que evolucionan los desafíos y las expectativas.

En un mundo caracterizado por la incertidumbre y la velocidad del cambio, los líderes resilientes son esenciales para navegar por desafíos y oportunidades.

Su capacidad de adaptación, empatía y toma de decisiones efectiva los convierte en modelos a seguir que pueden inspirar y guiar a sus equipos y organizaciones hacia un futuro más sólido y sostenible.

Proyecciones del desarrollo de la resiliencia en el liderazgo a futuro:

En el futuro, el desarrollo de la resiliencia será aún más importante. Los líderes del futuro deberán enfrentar desafíos cada vez más complejos y volátiles.

Se espera que los líderes sean capaces de cultivar la resiliencia en sí mismos y en su equipo, brindando apoyo y herramientas para hacer frente a situaciones difíciles.

La resiliencia permitirá a los líderes adaptarse y liderar de manera efectiva en un mundo en constante cambio.

En el futuro, el desarrollo de la resiliencia será aún más crucial debido a la naturaleza de los desafíos que los líderes enfrentarán. Se esperan desafíos cada vez más complejos y volátiles en un mundo en constante evolución. Aquí se describen cómo se espera que evolucione la importancia de la resiliencia en el liderazgo:

1.   Entornos Empresariales Altamente Dinámicos: Los líderes del futuro se enfrentarán a entornos empresariales en constante cambio, impulsados por avances tecnológicos, cambios en la demanda del consumidor y la globalización.

La resiliencia será fundamental para adaptarse rápidamente a estas transformaciones y mantener la competitividad de sus organizaciones.

2.   Crisis Globales y Amenazas Emergentes: La aparición de crisis globales, como pandemias, ciberataques o desastres naturales, seguirá siendo una realidad.

Los líderes necesitarán la resiliencia para liderar a sus equipos y organizaciones a través de estas crisis, tomando decisiones efectivas y manteniendo la estabilidad en situaciones de incertidumbre.

3.   Retos Sociales y Ambientales: Los problemas sociales y ambientales, como el cambio climático, la desigualdad y la diversidad, se mantendrán en el centro de atención.

Los líderes deberán abordar estos desafíos de manera efectiva, incorporando la sostenibilidad en sus estrategias y promoviendo la diversidad e inclusión en sus organizaciones.

4.   Tecnología y Automatización: El avance tecnológico, incluida la automatización, cambiará la naturaleza del trabajo y requerirá líderes que se adapten y encuentren formas de gestionar equipos en un entorno digital en constante evolución.

5.   Necesidad de Liderazgo Inspirador: Los líderes del futuro tendrán que inspirar a sus equipos en medio de la incertidumbre y la complejidad.

La resiliencia personal y la capacidad de comunicarse de manera efectiva serán esenciales para mantener la moral y la motivación del equipo.

6.   Mentalidad de Aprendizaje Continuo: Los líderes del futuro deben abrazar una mentalidad de aprendizaje continuo y estar dispuestos a adaptarse y aprender en un mundo en constante cambio.

La resiliencia emocional y cognitiva será clave para este proceso.

7.   Enfoque en el Bienestar y la Salud Mental: La salud mental y el bienestar de los empleados serán una preocupación creciente.

Los líderes deberán fomentar una cultura de cuidado y apoyo emocional, y mostrar empatía hacia las preocupaciones y desafíos de sus equipos.

8.   Colaboración y Redes de Apoyo: La colaboración entre líderes, organizaciones y gobiernos será esencial para abordar los desafíos globales.

Los líderes deberán construir y mantener redes de apoyo sólidas y colaborar en la búsqueda de soluciones efectivas.

En resumen, la resiliencia en el liderazgo será aún más importante en el futuro debido a la creciente complejidad y volatilidad de los desafíos que enfrentan las organizaciones y la sociedad en general.

Los líderes del futuro deberán ser capaces de cultivar la resiliencia en sí mismos y en sus equipos, proporcionando apoyo y herramientas para enfrentar situaciones difíciles.

La resiliencia permitirá a los líderes adaptarse y liderar de manera efectiva en un mundo en constante cambio, ayudando a sus organizaciones a prosperar en condiciones desafiantes.

"La verdadera medida de un hombre no se encuentra en la forma en que se para en momentos de comodidad y conveniencia, sino en la forma en que se mantiene en tiempos de desafío y controversia."

Martin Luther King Jr. (Líder Civil, Siglo XX)

Capítulo 8: Liderazgo ético y responsabilidad social

I) Planteamiento y postura

1. Antecedentes:

En este capítulo, se exploran los antecedentes históricos y teóricos que resaltan la importancia del liderazgo ético y la responsabilidad social.

Se analizan las teorías que demuestran cómo el liderazgo basado en valores éticos puede generar resultados sostenibles y positivos.

El liderazgo ético y la responsabilidad social son conceptos que han evolucionado a lo largo de la historia, influenciados por diversas teorías y eventos.

A continuación, se describen algunos de los antecedentes históricos y teóricos más destacados que resaltan la importancia de estos conceptos:

1. Filosofía antigua:

Ética de Aristóteles (384-322 a.C.): Aristóteles hizo contribuciones significativas a la ética al enfocarse en la virtud y la moralidad personal.

Su idea de la "virtud ética" abogaba por el liderazgo basado en la excelencia moral, lo que sentó las bases para el liderazgo ético.

2. Iluminismo (siglo XVIII):

Immanuel Kant (1724-1804): Kant desarrolló la ética deontológica, que enfatiza la importancia de actuar de acuerdo con principios éticos universales, independientemente de las consecuencias.

Esto influyó en la noción de liderazgo ético que se basa en principios morales sólidos y coherentes.

3. Siglo XIX y XX:

Peter Drucker (1909-2005): Este influyente teórico de la gestión subrayó la responsabilidad social de las empresas y la importancia de que los líderes se preocupen por más que simplemente los resultados financieros.

Abogó por un enfoque más amplio que incluyera el bienestar de los empleados y la comunidad.

4. Teoría de la responsabilidad social empresarial (RSE):

Milton Friedman (1912-2006): Friedman argumentó que la única responsabilidad de las empresas es maximizar sus ganancias para sus accionistas.

Sin embargo, esta perspectiva generó críticas y dio lugar a la creación de la RSE, que promueve la idea de que las empresas también deben considerar el impacto social y ambiental de sus acciones.

5. Teoría del liderazgo transformacional (finales del siglo XX):

James MacGregor Burns (1918-2014): Burns desarrolló la teoría del liderazgo transformacional, que destaca la importancia de los líderes que inspiran y motivan a sus seguidores a alcanzar objetivos más allá de sus intereses personales.

Este tipo de liderazgo a menudo se basa en valores éticos y puede conducir a resultados sostenibles y positivos.

6. Responsabilidad social corporativa (RSC) y desarrollo sostenible:

Informe Brundtland (1987): La Comisión Mundial sobre Medio Ambiente y Desarrollo de las Naciones Unidas, presidida por Gro Harlem Brundtland, definió el concepto de desarrollo sostenible como aquel que satisface las necesidades del presente sin comprometer la capacidad de las futuras generaciones para satisfacer sus propias necesidades.

Esto subraya la importancia de la responsabilidad social en la toma de decisiones empresariales y de liderazgo.

7. Ética empresarial contemporánea:

Michael Porter y Mark Kramer: En su artículo "Creating Shared Value" (Creación de valor compartido) de 2011, argumentaron que las empresas pueden lograr un éxito a largo plazo al abordar problemas sociales y ambientales.

Esto promueve un enfoque de liderazgo empresarial basado en valores éticos y la responsabilidad social.

8. Regulación y estándares internacionales:

Normas ISO 26000 y ISO 14001: Estas normas internacionales proporcionan pautas para la responsabilidad social y la gestión ambiental, respectivamente, lo que respalda la importancia de la ética y la responsabilidad social en el liderazgo y la gestión empresarial.

En resumen, a lo largo de la historia, varias corrientes filosóficas, teóricos de la gestión y eventos han contribuido a la evolución del liderazgo ético y la responsabilidad social.

Estos conceptos se han vuelto cada vez más relevantes en un mundo que enfrenta desafíos éticos, sociales y ambientales, y se consideran fundamentales para generar resultados sostenibles y positivos tanto a nivel empresarial como en la sociedad en general.

Génesis del liderazgo ético y responsabilidad social:

A lo largo de la historia, ha habido líderes que han actuado de manera ética y han asumido la responsabilidad de su impacto en la sociedad.

Desde filósofos como Sócrates hasta líderes sociales como Mahatma Gandhi, el liderazgo ético y la responsabilidad social han sido valores fundamentales en el liderazgo efectivo.

El reconocimiento de que los líderes tienen la capacidad y la obligación de tomar decisiones éticas y considerar el bienestar de la sociedad ha evolucionado con el tiempo.

A lo largo de la historia, ha habido numerosos líderes que han demostrado un compromiso sólido con la ética y la responsabilidad social en sus acciones y decisiones.

Estos líderes han influido en sus respectivas sociedades y han dejado un legado duradero.

Aquí hay algunos ejemplos destacados:

1. Sócrates (469-399 a.c.): Sócrates fue un filósofo griego cuya filosofía se centraba en la búsqueda de la verdad y la virtud. Siendo un líder intelectual, promovió el diálogo abierto y la autorreflexión moral.

A través de su método socrático, alentó a las personas a cuestionar sus creencias y a actuar con responsabilidad moral.

2. Mahatma Gandhi (1869-1948): Gandhi es uno de los líderes más influyentes en la lucha por la independencia de la India del dominio británico.

Su liderazgo se basaba en la resistencia no violenta y la desobediencia civil, principios éticos que inspiraron a millones de personas en todo el mundo. Gandhi también promovió la justicia social y los derechos humanos.

3. Martin Luther King Jr. (1929-1968): Este líder de los derechos civiles en Estados Unidos abogó por la igualdad racial y la justicia social a través de la no violencia y la resistencia pacífica.

Su liderazgo ético desencadenó importantes cambios en la legislación y la conciencia pública en los Estados Unidos.

4. Nelson Mandela (1918-2013): Mandela fue un líder sudafricano que luchó contra el apartheid y luego se convirtió en el primer presidente negro de Sudáfrica. Su liderazgo se caracterizó por su compromiso con la reconciliación y la justicia, incluso después de haber pasado años en prisión. Su enfoque ético ayudó a Sudáfrica a superar décadas de división racial.

5. Eleanor Roosevelt (1884-1962): Como esposa del presidente de los Estados Unidos Franklin D. Roosevelt y posteriormente como diplomática y defensora de los derechos humanos de las Naciones Unidas, Eleanor Roosevelt se destacó por su compromiso con los derechos humanos y la justicia social. Su liderazgo ético influyó en la Declaración Universal de Derechos Humanos de las Naciones Unidas.

6. Wangari Maathai (1940-2011): Esta líder keniana fue pionera en la promoción de la conservación ambiental y la justicia social.

Fundó el Movimiento Cinturón Verde, que llevó a la plantación de millones de árboles y promovió la participación de las mujeres en la gestión de los recursos naturales.

7. Malala Yousafzai (nacida en 1997): Malala se convirtió en una figura internacional después de sobrevivir a un ataque talibán por defender la educación de las niñas en Pakistán.

Su valentía y defensa de los derechos humanos y la igualdad de género la convirtieron en un símbolo global del liderazgo ético y la responsabilidad social.

Estos líderes han demostrado que el liderazgo ético y la responsabilidad social pueden marcar una diferencia significativa en la sociedad.

Sus acciones han inspirado a otros a actuar con ética y considerar el impacto de sus decisiones en el bienestar de la sociedad en su conjunto.

Su legado continúa siendo una fuente de inspiración para líderes actuales y futuros.

2.   En qué consiste.

Situación actual:

Se explica en qué consiste el liderazgo ético y la responsabilidad social, y se analizará su relevancia en la situación actual.

Se abordan los desafíos que los líderes enfrentan al tomar decisiones éticas.

Liderazgo Ético:

El liderazgo ético implica que los líderes toman decisiones y acciones basadas en principios y valores morales sólidos. Esto significa que consideran no solo los resultados a corto plazo o los intereses personales, sino también el impacto ético de sus acciones en sus empleados, clientes, la comunidad y la sociedad en general.

Un líder ético se guía por principios como la justicia, la equidad, la honestidad, la integridad y el respeto por los derechos humanos. Esto implica asumir la responsabilidad de sus acciones y ser un modelo que seguir para otros en términos de comportamiento ético.

Responsabilidad Social:

La responsabilidad social se refiere al compromiso de las organizaciones y líderes de contribuir de manera positiva a la sociedad y al medio ambiente. Esto implica no solo cumplir con las leyes y regulaciones, sino también ir más allá para abordar cuestiones sociales, ambientales y éticas.

Los líderes socialmente responsables consideran el impacto de sus decisiones en los empleados, las comunidades locales, los clientes y otros stakeholders. Esto puede manifestarse a través de prácticas comerciales sostenibles, inversiones en la comunidad, preocupación por el bienestar de los empleados y la adhesión a estándares éticos.

Relevancia Actual:

En la situación actual, el liderazgo ético y la responsabilidad social son más relevantes que nunca debido a varios factores:

1.   Escrutinio Público: La sociedad está cada vez más atenta a las acciones de las organizaciones y líderes.

Las redes sociales y los medios de comunicación permiten una rápida difusión de la información sobre comportamientos éticos y socialmente responsables, lo que puede tener un impacto significativo en la reputación de una empresa o líder.

2. Desafíos Globales: Los problemas como el cambio climático, la desigualdad, la discriminación y la corrupción requieren una respuesta ética y socialmente responsable por parte de los líderes y las organizaciones.

Las expectativas son que contribuyan a la solución de estos problemas en lugar de agravarlos.

3. Talento y Retención: Los empleados valoran cada vez más trabajar en entornos éticos y socialmente responsables. Las organizaciones que demuestran un compromiso con estos valores son más atractivas para el talento y tienen una mayor retención de empleados.

4. Regulación y Estándares Éticos: Las regulaciones y estándares éticos están evolucionando y siendo más estrictos en muchas industrias. Los líderes deben estar al tanto de estas normativas y garantizar el cumplimiento ético.

Desafíos en la Toma de Decisiones Éticas:

Tomar decisiones éticas puede ser un desafío para los líderes debido a varios obstáculos:

1. Conflictos de Intereses: Los líderes pueden enfrentar conflictos entre los intereses de la organización, los accionistas y las expectativas éticas. Tomar decisiones que equilibren estos intereses puede ser complicado.

2. Presión por Resultados: La presión por alcanzar objetivos financieros a corto plazo a menudo choca con las consideraciones éticas y sociales a largo plazo. Los líderes deben resistir la tentación de tomar decisiones que sacrifiquen la ética por el beneficio inmediato.

3. Complejidad Ética: Muchas decisiones empresariales involucran dilemas éticos complejos donde no hay una respuesta clara. Los líderes deben ser capaces de navegar en estas aguas turbulentas y tomar decisiones informadas y éticas.

4. Reputación y Consecuencias: Las decisiones éticamente incorrectas pueden tener un alto costo en términos de daño a la reputación, demandas legales y sanciones financieras. Los líderes deben ser conscientes de las posibles consecuencias de sus acciones.

En resumen, el liderazgo ético y la responsabilidad social son esenciales en la sociedad actual. Los líderes enfrentan desafíos al tomar decisiones éticas, pero también tienen la oportunidad de crear un impacto positivo en sus organizaciones y comunidades al adherirse a principios éticos y adoptar prácticas socialmente responsables.

El liderazgo ético y responsabilidad social en la actualidad:

En la actualidad, el liderazgo ético y la responsabilidad social están ganando importancia.

Los líderes se enfrentan a mayores expectativas en términos de transparencia, integridad y consideración de los impactos sociales y ambientales.

Los líderes éticos se esfuerzan por tomar decisiones justas, respetar los valores y derechos fundamentales, y contribuir al bienestar de la sociedad en su conjunto.

El liderazgo ético y la responsabilidad social tienen relevancia y una importancia significativa en el mundo empresarial y en la sociedad en general.

Aquí hay algunas formas en las que estos aspectos están cobrando relevancia:

1. Mayor Expectativa de Transparencia: Los líderes ahora se enfrentan a una mayor demanda de transparencia en sus acciones y decisiones.

La era digital y las redes sociales permiten a la sociedad vigilar de cerca las actividades de las organizaciones y líderes. Cualquier comportamiento no ético o irresponsable puede ser expuesto rápidamente, lo que lleva a una mayor responsabilidad.

2.   Integridad y Confianza: La integridad se ha convertido en un rasgo clave del liderazgo.

Los líderes éticos se esfuerzan por mantener altos estándares de conducta personal y empresarial, lo que contribuye a la confianza de los empleados, clientes y otros stakeholders.

3.   Consideración de Impactos Sociales y Ambientales: Los líderes están bajo presión para considerar el impacto social y ambiental de sus decisiones.

Esto se refleja en prácticas comerciales sostenibles, como la reducción de emisiones de carbono, la gestión responsable de recursos y el respeto por los derechos humanos en las cadenas de suministro.

4.   Ética en la Inteligencia Artificial y Tecnología: Con el crecimiento de la inteligencia artificial y la tecnología, los líderes enfrentan dilemas éticos relacionados con la privacidad de datos, la discriminación algorítmica y la toma de decisiones automatizada.

Se espera que los líderes aborden estos problemas éticos de manera responsable.

5.   Ética en la Ciencia y la Investigación: Los avances científicos y tecnológicos plantean cuestiones éticas, como la edición genética y la inteligencia artificial avanzada. Los líderes en campos científicos y de investigación deben considerar cuidadosamente los impactos sociales y éticos de sus proyectos.

6.   Diversidad e Inclusión: La promoción de la diversidad e inclusión se ha convertido en una parte importante de la responsabilidad social de las organizaciones. Los líderes deben tomar medidas para crear ambientes de trabajo inclusivos y equitativos.

7.   Educación Ética: Las organizaciones y líderes están invirtiendo en programas de capacitación en ética para sus empleados. Esto ayuda a promover una cultura de ética en el lugar de trabajo y garantiza que los empleados comprendan y apliquen los principios éticos en su trabajo.

8. Inversión Socialmente Responsable: Los inversores y accionistas están prestando más atención a las prácticas éticas y responsables de las empresas en las que invierten. Esto ha llevado al crecimiento de la inversión socialmente responsable y a la demanda de líderes que consideren estos factores en sus decisiones.

En resumen, en la actualidad, el liderazgo ético y la responsabilidad social son fundamentales para el éxito a largo plazo de las organizaciones y para la construcción de una sociedad más justa y sostenible.

Los líderes éticos se esfuerzan por tomar decisiones justas, respetar los valores y derechos fundamentales, y contribuir al bienestar de la sociedad en su conjunto, reconociendo que su impacto va más allá de los resultados financieros.

La capacidad de adaptarse y abrazar estos valores éticos y sociales es esencial para los líderes en la era actual.

II) Desarrollo y propuesta

3. Cómo hacerlo:

Se presentan principios y prácticas para ejercer un liderazgo ético y asumir la responsabilidad social.

Se exploran temas como la integridad, la transparencia, la toma de decisiones éticas, la gestión de riesgos y el compromiso con la sostenibilidad y el impacto social.

Los líderes éticos son aquellos que actúan con integridad y honestidad. Son aquellos que ponen los intereses de los demás por encima de los suyos propios. Son aquellos que son responsables de sus acciones.

Para ser un líder ético, necesitamos tener un fuerte sentido de moral y ética. Necesitamos ser capaces de tomar decisiones difíciles, incluso cuando estas decisiones no son populares.

También necesitamos ser capaces de rendir cuentas de nuestras acciones.

Cuando somos éticos, construimos confianza y respeto. Inspiramos a los demás a seguirnos. Hacemos del mundo un lugar mejor.

Ejercer un liderazgo ético y asumir la responsabilidad social implica la adopción de principios y prácticas que guíen las acciones y decisiones de los líderes hacia un impacto positivo en la sociedad y en sus organizaciones.

Aquí hay una descripción de algunos de los principios y prácticas clave:

1. Integridad:

Principio: Actuar con honestidad, sinceridad y coherencia entre las palabras y las acciones.

Práctica: Ser un modelo que seguir al mantener estándares éticos elevados y cumplir las promesas hechas a los demás.

2. Transparencia:

Principio: Comunicar abierta y honestamente las acciones, decisiones y resultados.

Práctica: Proporcionar información clara y completa a los stakeholders, ser accesible y receptivo a las preguntas y preocupaciones.

3. Toma de Decisiones Éticas:

Principio: Considerar el impacto ético de las decisiones en todas las partes interesadas.

Práctica: Evaluar las opciones disponibles desde una perspectiva ética, considerando principios como la justicia, la equidad y el bien común.

4. Responsabilidad Personal:

Principio: Asumir la responsabilidad de las acciones y decisiones propias.

Práctica: Reconocer errores y aprender de ellos, y corregir cualquier injusticia cometida.

5. Compromiso con la Sostenibilidad:

Principio: Considerar los impactos ambientales y sociales a largo plazo de las acciones y decisiones.

Práctica: Adoptar prácticas de negocio sostenibles, como la reducción de emisiones de carbono y la gestión responsable de los recursos naturales.

6. Impacto Social Positivo:

Principio: Contribuir al bienestar de la sociedad y las comunidades.

Práctica: Involucrarse en actividades de responsabilidad social, como donaciones caritativas, programas de voluntariado y apoyo a causas sociales.

7. Gestión de Riesgos Éticos:

Principio: Identificar y gestionar proactivamente los riesgos éticos en la toma de decisiones y las operaciones.

Práctica: Implementar políticas y procesos que faciliten la identificación temprana y la mitigación de problemas éticos.

8. Promoción de la Diversidad e Inclusión:

Principio: Fomentar ambientes de trabajo y comunidades inclusivas y equitativas.

Práctica: Apoyar la diversidad en la fuerza laboral, promover la igualdad de oportunidades y abordar la discriminación y el sesgo.

9. Desarrollo de una Cultura Ética:

Principio: Cultivar una cultura organizacional que valore y recompense la ética.

Práctica: Establecer políticas y programas que promuevan la ética, proporcionar capacitación en ética y fomentar una comunicación abierta sobre temas éticos.

10. Aprendizaje Continuo:

Principio: Reconocer que el liderazgo ético y la responsabilidad social requieren un compromiso continuo y la voluntad de aprender y adaptarse.

Práctica: Buscar oportunidades de capacitación y desarrollo personal en ética y responsabilidad social, y estar dispuesto a ajustar enfoques en función de nuevas circunstancias y desafíos. Este aprendizaje constante es esencial para mantenerse actualizado en las mejores prácticas y abordar de manera efectiva los desafíos éticos y sociales en evolución. y desafíos.

En resumen, el liderazgo ético y la responsabilidad social requieren una base sólida de principios éticos y prácticas coherentes. Los líderes éticos son aquellos que actúan con integridad, toman decisiones basadas en valores, son transparentes en sus acciones y asumen la responsabilidad de su impacto en la sociedad.

Estas prácticas no solo son beneficiosas para las organizaciones, sino que también contribuyen a la construcción de una sociedad más justa y sostenible.

4.   Qué evitar:

Se identifican los errores comunes que los líderes pueden cometer en relación con el liderazgo ético y la responsabilidad social.

Se proporcionan consejos para evitar la falta de transparencia, la toma de decisiones impulsadas por el interés propio, la falta de rendición de cuentas y el incumplimiento de estándares éticos.

Los líderes, a pesar de sus mejores intenciones, a veces pueden cometer errores en relación con el liderazgo ético y la responsabilidad social. Aquí se describen algunos errores comunes y consejos para evitarlos:

1. Falta de Transparencia:

Error: Ocultar información importante o no comunicar de manera abierta y honesta las acciones y decisiones.

Consejo: Priorizar la transparencia en todas las comunicaciones. Compartir información relevante y ser proactivo al abordar problemas y desafíos.

2. Toma de Decisiones Impulsada por el Interés Propio:

Error: Tomar decisiones que benefician principalmente a uno mismo o a un grupo selecto en lugar de considerar el bienestar de todas las partes interesadas.

Consejo: Practicar la empatía y considerar cómo las decisiones afectarán a los demás. Preguntarse si la decisión es justa y equitativa para todas las partes.

3. Falta de Rendición de Cuentas:

Error: Evitar asumir la responsabilidad personal por errores o decisiones equivocadas.

Consejo: Aceptar la responsabilidad de las acciones y decisiones propias, y tomar medidas para corregir cualquier daño causado. Aprender de los errores y comprometerse a no repetirlos.

4. Incumplimiento de Estándares Éticos:

Error: No adherirse a los estándares éticos y morales, lo que puede llevar a decisiones cuestionables o comportamientos inapropiados.

Consejo: Familiarizarse con los códigos de ética relevantes y seguirlos rigurosamente. Establecer un entorno donde se fomente el cumplimiento de estándares éticos.

5. Ignorar Impactos Sociales y Ambientales:

Error: No considerar adecuadamente el impacto social y ambiental de las acciones y decisiones, lo que puede llevar a prácticas insostenibles.

Consejo: Evaluar cuidadosamente el impacto a largo plazo de las decisiones en términos de sostenibilidad ambiental y bienestar social. Incorporar consideraciones éticas y responsabilidad social en la toma de decisiones.

6. Enfoque Exclusivo en Resultados Financieros:

Error: Centrarse únicamente en maximizar los resultados financieros sin considerar las implicaciones éticas y sociales.

Consejo: Ampliar la Visión de éxito para incluir resultados financieros, sociales y ambientales. Considerar el triple resultado: ganancias, personas y planeta.

7. Falta de Liderazgo, por Ejemplo:

Error: No practicar lo que se predica en términos de ética y responsabilidad social.

Consejo: Ser un modelo que seguir coherente al seguir los mismos estándares éticos y valores que se espera de los demás. Esto incluye mostrar compromiso con la ética y la responsabilidad social en todas las acciones.

8. Ignorar la Retroalimentación y las Señales de Alerta Temprana:

Error: No prestar atención a las señales de que algo podría estar yendo mal en términos éticos o sociales.

Consejo: Fomentar un entorno en el que los empleados se sientan cómodos al informar sobre preocupaciones éticas o sociales. Escuchar y abordar estas preocupaciones de manera proactiva.

9. No Invertir en Educación Ética:

Error: No proporcionar capacitación o recursos para que los empleados comprendan y apliquen principios éticos y responsabilidad social.

Consejo: Invertir en programas de capacitación y desarrollo que promuevan una cultura ética y proporcionen a los empleados las herramientas para tomar decisiones éticas informadas.

Evitar estos errores comunes es fundamental para construir y mantener un liderazgo ético y una cultura de responsabilidad social en cualquier organización.

Los líderes deben recordar que sus acciones y decisiones tienen un impacto más allá de los resultados financieros y que la ética y la responsabilidad social son esenciales para el éxito a largo plazo.

III) Conclusiones y reflexiones

5. Para qué es importante:

Se resaltan los beneficios del liderazgo ético y la responsabilidad social, como la construcción de una reputación sólida, la confianza de los empleados y las partes interesadas, la generación de impacto positivo en la comunidad y la contribución a un entorno empresarial y social más justo y sostenible.

El liderazgo ético y la responsabilidad social conllevan una serie de beneficios significativos tanto para las organizaciones como para la sociedad en general.

Aquí se destacan algunos de los principales beneficios:

1. Construcción de una Reputación Sólida:

El liderazgo ético y la responsabilidad social ayudan a construir una reputación sólida y positiva para la organización. Las empresas y líderes éticos tienden a ganarse la confianza y el respeto de sus stakeholders, lo que puede traducirse en una ventaja competitiva.

2. Confianza de los Empleados y Retención de Talentos:

Los empleados tienden a sentirse más comprometidos y satisfechos en organizaciones lideradas por principios éticos y socialmente responsables. Esto puede aumentar la retención de talento y mejorar la moral y la productividad de los empleados.

3. Generación de Impacto Positivo en la Comunidad:

El liderazgo ético y la responsabilidad social pueden tener un impacto directo y positivo en las comunidades locales y globales. Esto puede incluir inversiones en programas de educación, salud, desarrollo económico y sostenibilidad ambiental.

4. Fidelización de Clientes y Atracción de Inversionistas:

Los consumidores y los inversores están cada vez más interesados en apoyar a empresas y líderes éticos y socialmente responsables. Esto puede llevar a una mayor fidelización de clientes y al atractivo de inversionistas y socios comerciales comprometidos con valores similares.

5. Cumplimiento Legal y Regulatorio:

El liderazgo ético y la responsabilidad social a menudo se traducen en un cumplimiento más sólido de las regulaciones y leyes, lo que disminuye el riesgo legal y las sanciones financieras.

6. Innovación y Adaptabilidad:

Las organizaciones comprometidas con la responsabilidad social tienden a ser más innovadoras y adaptables.

La búsqueda de soluciones éticas a problemas sociales y ambientales puede generar nuevas oportunidades de negocio y mejorar la toma de decisiones.

7. Contribución a un Entorno Empresarial y Social Más Justo y Sostenible:

El liderazgo ético y la responsabilidad social contribuyen a la creación de un entorno empresarial y social más justo y sostenible.

Esto puede llevar a un mayor bienestar de la sociedad en su conjunto y a una mayor estabilidad económica y social.

8. Mitigación de Riesgos:

Al considerar de manera proactiva los impactos éticos y sociales de las decisiones, las organizaciones pueden evitar problemas y crisis reputacionales.

Esto ayuda a proteger la marca y los activos de la empresa.

En resumen, el liderazgo ético y la responsabilidad social no solo son principios y prácticas valiosas desde una perspectiva ética, sino que también tienen un impacto positivo en la competitividad, la reputación y la sostenibilidad de las organizaciones.

Además, contribuyen a la construcción de un mundo empresarial y social más justo y equitativo.

6.   Escenarios futuros:

Se explorarán los posibles escenarios futuros en los que el liderazgo ético y la responsabilidad social sean aún más cruciales, considerando factores como la creciente demanda de transparencia, la conciencia ambiental y social, y la necesidad de líderes que tomen decisiones éticas en un entorno complejo y globalizado.

Se discutirán las habilidades y competencias necesarias para liderar en estos escenarios.

El liderazgo ético y la responsabilidad social se volverán aún más cruciales en un mundo futuro marcado por desafíos éticos y sociales cada vez más complejos y una mayor conciencia de la interconexión global.

Aquí hay algunos escenarios futuros que destacan la importancia de estas cualidades de liderazgo:

1. Crisis Climática y Ambiental:

En un mundo afectado por el cambio climático y la degradación ambiental, los líderes éticos y socialmente responsables serán esenciales para la adopción de prácticas comerciales sostenibles, la mitigación de impactos negativos y la búsqueda de soluciones innovadoras para los problemas ambientales.

2. Avances Tecnológicos y Ética Digital:

El avance de la tecnología, como la inteligencia artificial y la biotecnología, plantea desafíos éticos complejos. Los líderes necesitarán habilidades para tomar decisiones éticas relacionadas con la privacidad, la discriminación algorítmica y la seguridad cibernética.

3. Globalización y Diversidad Cultural:

En un mundo cada vez más globalizado, los líderes deberán comprender y respetar las diferentes culturas y valores éticos. La habilidad de liderar equipos y organizaciones culturalmente diversas será esencial.

4. Desigualdad Económica y Social:

La creciente desigualdad económica y social requerirá líderes que aborden la justicia social y busquen soluciones para mejorar el acceso a la educación, la atención médica y las oportunidades económicas.

5. Ética en la Inteligencia Artificial y la Automatización:

Con la proliferación de la inteligencia artificial y la automatización, los líderes deberán abordar la ética de la toma de decisiones automatizada y garantizar que estas tecnologías no amplíen las desigualdades sociales.

6. Crisis de Salud Pública y Bioética:

Eventos como la pandemia de COVID-19 destacan la importancia de la bioética y el liderazgo ético en la toma de decisiones relacionadas con la salud pública, la investigación médica y la distribución de recursos.

Habilidades y Competencias Necesarias:

Pensamiento Ético: La habilidad de evaluar dilemas éticos y tomar decisiones basadas en principios éticos sólidos será fundamental.

Inteligencia Emocional: La capacidad de comprender y gestionar las emociones propias y de los demás será esencial para construir relaciones efectivas y empáticas.

Pensamiento Crítico: La capacidad de analizar de manera crítica información compleja y tomar decisiones informadas será fundamental en entornos éticamente desafiantes.

Comunicación Efectiva: Los líderes deberán comunicar de manera clara y persuasiva sus valores éticos y la importancia de la responsabilidad social a todas las partes interesadas.

Adaptabilidad: La capacidad de adaptarse a un entorno empresarial y social en constante cambio y de aprender de manera continua será crucial.

Liderazgo Colaborativo: La colaboración efectiva con diferentes partes interesadas, incluyendo gobiernos, ONG, empresas y la sociedad civil, será necesaria para abordar los problemas éticos y sociales globales.

En resumen, en un mundo cada vez más complejo y globalizado, el liderazgo ético y la responsabilidad social serán fundamentales para abordar una variedad de desafíos éticos y sociales.

Los líderes del futuro deberán poseer habilidades y competencias que les permitan tomar decisiones éticas, gestionar la diversidad y trabajar en colaboración para construir un mundo más justo, sostenible y ético.

Proyecciones del liderazgo ético y responsabilidad social a futuro:

En el futuro, se espera que el liderazgo ético y la responsabilidad social sean aún más cruciales.

Los líderes del futuro deberán enfrentar desafíos éticos cada vez más complejos y tomar decisiones que consideren no solo los intereses de la organización, sino también los impactos sociales y medioambientales.

Se espera que los líderes actúen como agentes de cambio positivo, promoviendo la equidad, la justicia y la sostenibilidad en todas las áreas de su influencia.

En el futuro, el liderazgo ético y la responsabilidad social serán más cruciales que nunca debido a la creciente complejidad de los desafíos éticos y la interconexión global.

Aquí se describen cómo se espera que estos aspectos sean fundamentales:

1. Decisiones Éticas en Entornos Complejos:

Los líderes del futuro enfrentarán dilemas éticos cada vez más complejos. Las cuestiones relacionadas con la privacidad de datos, la inteligencia artificial, la edición genética y la sostenibilidad ambiental requerirán decisiones que vayan más allá de los intereses comerciales y consideren el bienestar de la sociedad.

2. Impacto Social y Ambiental:

Los líderes tendrán que considerar cuidadosamente el impacto social y ambiental de sus decisiones. La conciencia ambiental y social seguirá aumentando, y se espera que los líderes actúen como guardianes del bienestar de la sociedad y del planeta.

3. Agentes de Cambio Positivo:

Se espera que los líderes no solo cumplan con estándares éticos mínimos, sino que también sean agentes activos de cambio positivo. Esto implica abogar por la equidad, la justicia y la sostenibilidad en todas las áreas de su influencia, desde las prácticas comerciales hasta la toma de decisiones políticas y la inversión en la comunidad.

4. Responsabilidad Ampliada:

Los líderes del futuro tendrán una responsabilidad que va más allá de la rentabilidad financiera de sus organizaciones.

Deberán rendir cuentas por el impacto ético y social de sus acciones, y serán evaluados por su capacidad para abordar problemas éticos y sociales de manera efectiva.

5. Cambios en la Cultura Organizacional:

Se espera que las organizaciones fomenten una cultura de ética y responsabilidad social desde la alta dirección hasta la base.

Esto implica la adopción de políticas y prácticas empresariales sostenibles, la promoción de la diversidad e inclusión, y la inversión en programas de responsabilidad social.

6. Colaboración Multisectorial:

Los líderes deberán colaborar con una variedad de partes interesadas, incluyendo gobiernos, ONG, empresas y la sociedad civil, para abordar desafíos éticos y sociales complejos.

La colaboración será esencial para lograr resultados significativos en áreas como la justicia social y la sostenibilidad ambiental.

7. Énfasis en la Educación Ética:

La educación ética se volverá aún más importante para preparar a los líderes del futuro. Los programas educativos deberán incluir la ética y la responsabilidad social como componentes centrales de la formación de liderazgo.

En resumen, el liderazgo ético y la responsabilidad social serán esenciales en un mundo futuro caracterizado por desafíos éticos cada vez más complejos y una creciente conciencia de la interconexión global.

Los líderes del futuro deberán actuar como motores del cambio positivo y abogar por la equidad, la justicia y la sostenibilidad en todas las áreas de su influencia, contribuyendo así a un mundo más justo, sostenible y ético.

"La fuerza no proviene de la capacidad corporal,

sino de la voluntad del alma"

Mahatma Gandhi (Siglo XX)

Capítulo 9: Innovación y liderazgo disruptivo

I) Planteamiento y postura

1. Antecedentes:

En este capítulo, se exploran los antecedentes históricos y teóricos que resaltan la importancia de la innovación y el liderazgo disruptivo.

Se analizan las teorías y enfoques que demuestran cómo el liderazgo centrado en la innovación puede impulsar la transformación y el éxito en las organizaciones.

La importancia de la innovación y el liderazgo disruptivo ha sido reconocida a lo largo de la historia en diversas épocas, con contribuciones de teóricos y líderes influyentes en diferentes países. Aquí, exploraremos algunos de los antecedentes históricos y teóricos clave que resaltan esta importancia:

1. Innovación en la Revolución Industrial (Siglo XVIII-XIX, Reino Unido): La Revolución Industrial fue un período crucial en la historia de la innovación. Destacados inventores como James Watt (inventor de la máquina de vapor) y George Stephenson (creador de la locomotora a vapor) impulsaron cambios disruptivos en la industria y el transporte. Su trabajo subraya la relación entre la innovación tecnológica y el cambio social y económico.

2. Joseph Schumpeter y la destrucción creativa (Siglo XX, Austria/Estados Unidos): Joseph Schumpeter, un economista austríaco-estadounidense, introdujo el concepto de "destrucción creativa" en la década de 1940.

Argumentó que la innovación disruptiva, a través de la introducción de nuevos productos o procesos, era esencial para el crecimiento económico a largo plazo.

Su trabajo influyó en la comprensión de cómo la innovación impulsa la evolución económica.

3. Peter Drucker y la innovación empresarial (Siglo XX, Estados Unidos): Peter Drucker, un influyente teórico de la gestión, hizo hincapié en la importancia de la innovación en la empresa.

En su libro "Innovación y Espíritu Empresarial" (1985), argumentó que la innovación era esencial para mantener la ventaja competitiva y el crecimiento sostenible de una organización. Sus ideas formaron la base para la gestión moderna centrada en la innovación.

4. Teoría de la Innovación Disruptiva de Clayton Christensen (Siglo XX-XXI, Estados Unidos): Clayton Christensen, profesor de Harvard, desarrolló la teoría de la innovación disruptiva en la década de 1990. Sostuvo que las innovaciones disruptivas, que comienzan en mercados de nicho y se expanden gradualmente, pueden desplazar a las empresas líderes en la industria.

Su libro "El Dilema de la Innovación" (1997) se convirtió en una referencia en el ámbito de la innovación y el liderazgo disruptivo.

5. Steve Jobs y la cultura de la innovación en Apple (Siglo XX-XXI, Estados Unidos): Steve Jobs, co-fundador de Apple, personificó el liderazgo disruptivo. Su enfoque en la innovación de productos y la creación de experiencias de usuario revolucionarias llevó a la empresa al éxito con productos como el iPhone y el iPad.

Apple se ha convertido en un caso de estudio de cómo la innovación puede transformar una organización y una industria.

6. Elon Musk y SpaceX (Siglo XXI, Estados Unidos): Elon Musk ha demostrado el poder del liderazgo disruptivo en la industria aeroespacial y automotriz. Con SpaceX, ha desafiado las convenciones de la exploración espacial al reducir drásticamente los costos de lanzamiento. Esto ejemplifica cómo un líder visionario puede transformar industrias enteras a través de la innovación y la disrupción.

7. Teoría de la Innovación Abierta de Henry Chesbrough (Siglo XXI, Estados Unidos): Henry Chesbrough, experto en gestión de la innovación, propuso la idea de la "innovación abierta". Sostiene que las organizaciones pueden y deben utilizar fuentes externas de conocimiento e innovación para impulsar su propio crecimiento. Esta teoría ha influido en la forma en que las empresas abordan la innovación.

8. Toyota y el Sistema de Producción Toyota (TPS) (Siglo XX, Japón): El TPS, desarrollado por Toyota a partir de la década de 1950, revolucionó la fabricación al enfocarse en la eficiencia, la calidad y la mejora continua. Este enfoque se basa en la participación de los empleados en la identificación y resolución de problemas, lo que ejemplifica cómo la innovación en la gestión y la producción puede ser transformadora.

9. Silicon Valley y la cultura de la innovación (Siglo XX-XXI, Estados Unidos): Silicon Valley se ha convertido en un epicentro global de la innovación y la tecnología. Empresas como Google, Facebook y Amazon han sido pioneras en la creación de nuevos productos y servicios que han transformado la forma en que vivimos y trabajamos. La cultura de riesgo y recompensa en esta región ha influido en todo el mundo.

10. Design Thinking (Siglo XXI, Diseño Global): El Design Thinking, popularizado por el Instituto de Diseño de la Universidad de Stanford y empresas como IDEO, se ha convertido en un enfoque fundamental para la resolución de problemas y la innovación. Proporciona un marco para abordar los desafíos desde la perspectiva del usuario, lo que ha llevado a la creación de productos y servicios más centrados en las necesidades de las personas.

11. Jeff Bezos y Amazon (Siglo XXI, Estados Unidos): Jeff Bezos ha liderado Amazon con un enfoque implacable en la innovación y la disrupción en una variedad de industrias, desde el comercio electrónico hasta la computación en la nube.

La mentalidad de "Day 1" de Bezos enfatiza la importancia de mantener una mentalidad de startup incluso cuando una empresa se ha convertido en un gigante.

12. Economía de la Experiencia y Servitización (Siglo XXI, Global): La servitización, o la transformación de productos en servicios, ha ganado importancia en la era actual. Empresas como Airbnb y Uber han demostrado cómo la innovación en la experiencia del cliente puede revolucionar las industrias tradicionales, como la hotelería y el transporte.

13. Redes Sociales y Medios Digitales (Siglo XXI, Global): La proliferación de plataformas de redes sociales y medios digitales como Facebook, Twitter y YouTube ha redefinido la comunicación, el marketing y la influencia.

La capacidad de difundir información de manera rápida y masiva ha llevado a un enfoque disruptivo en la publicidad y la participación del usuario.

14. Industria 4.0 y la Internet de las Cosas (IoT) (Siglo XXI, Global): La convergencia de la informática, la robótica y la conectividad ha dado lugar a la Industria 4.0, que implica la automatización avanzada y la toma de decisiones basada en datos en la fabricación.

La IoT ha permitido la recopilación de datos en tiempo real, lo que ha impulsado la eficiencia y la innovación en la producción y la logística.

En resumen, a lo largo de la historia, varios antecedentes teóricos y ejemplos prácticos han subrayado la importancia de la innovación y el liderazgo disruptivo en las organizaciones.

Estos conceptos han evolucionado con el tiempo y continúan siendo fundamentales para impulsar la transformación y el éxito en el mundo empresarial y más allá.

Algunos de los ejemplos demuestran cómo la innovación y el liderazgo disruptivo siguen siendo cruciales en el siglo XXI, en un mundo cada vez más impulsado por la tecnología y la conectividad global.

Las organizaciones y líderes que adoptan una mentalidad innovadora están mejor posicionados para prosperar en este entorno en constante cambio.

Génesis de la relación entre innovación y liderazgo disruptivo:

A lo largo de la historia, los líderes innovadores y disruptivos han sido capaces de desafiar las normas existentes y generar un cambio significativo.

Desde líderes empresariales visionarios como Steve Jobs hasta líderes sociales revolucionarios como Martin Luther King Jr., el liderazgo innovador y disruptivo ha impulsado avances y transformaciones en diferentes ámbitos.

La capacidad de identificar oportunidades, pensar de manera creativa y liderar con valentía ha sido fundamental en el liderazgo innovador y disruptivo.

A lo largo de la historia, líderes innovadores y disruptivos en diversos ámbitos han desafiado las normas existentes y han generado cambios significativos en la sociedad.

Aquí te presento algunos ejemplos notables:

1. Steve Jobs (1955-2011, Estados Unidos, Empresarial): Steve Jobs, co-fundador de Apple, fue un líder visionario en la industria de la tecnología. Su enfoque en el diseño innovador, la simplicidad y la experiencia del usuario resultó en productos revolucionarios como el iPhone y el iPad.

Cambió la forma en que interactuamos con la tecnología y transformó Apple en una de las empresas más valiosas del mundo.

2. Martin Luther King Jr. (1929-1968, Estados Unidos, Social): Martin Luther King Jr. fue un líder influyente en el movimiento por los derechos civiles en Estados Unidos.

Su liderazgo disruptivo se centró en la lucha contra la segregación racial y la promoción de la igualdad. Sus discursos y acciones no violentas inspiraron cambios significativos en las leyes y actitudes hacia la raza en Estados Unidos.

3. Nelson Mandela (1918-2013, Sudáfrica, Político/Social): Nelson Mandela fue un líder revolucionario que luchó contra el apartheid en Sudáfrica. Pasó 27 años en prisión antes de convertirse en el primer presidente negro de Sudáfrica en 1994. Su liderazgo disruptivo promovió la reconciliación y la unidad en un país dividido por el racismo.

4. Elon Musk (1971-presente, Sudáfrica/Estados Unidos, Empresarial/Tecnológico): Elon Musk es conocido por su liderazgo en la industria aeroespacial y automotriz. Con SpaceX, ha reducido los costos de lanzamiento espacial y ha desafiado las convenciones en la exploración espacial. Tesla, bajo su dirección, ha impulsado la adopción de vehículos eléctricos y la tecnología de conducción autónoma.

5. Malala Yousafzai (1997-presente, Pakistán, Social): Malala Yousafzai es una defensora de la educación de las niñas y los derechos de las mujeres.

A pesar de sobrevivir a un intento de asesinato por los talibanes, continúa luchando por la educación de las niñas en todo el mundo. Su valentía y determinación la han convertido en un símbolo global de la resistencia y la innovación en la promoción de los derechos humanos.

6. Rosa Parks (1913-2005, Estados Unidos, Social): Rosa Parks fue una figura clave en el movimiento por los derechos civiles en Estados Unidos.

Su acto de desobediencia civil al negarse a ceder su asiento en un autobús segregado de Montgomery, Alabama, en 1955, desencadenó el boicot de autobuses y eventualmente llevó a la desegregación de los sistemas de transporte público.

7. Marie Curie (1867-1934, Polonia/Francia, Científico): Marie Curie fue una científica pionera en el campo de la radiactividad.

Fue la primera mujer en ganar un Premio Nobel y la única en ganar premios Nobel en dos campos diferentes (Física y Química). Su trabajo sentó las bases para la radioterapia y la investigación sobre la radiación.

Estos líderes innovadores y disruptivos han demostrado la capacidad de identificar oportunidades, pensar de manera creativa y liderar con valentía. Sus acciones y visiones han tenido un impacto duradero en la sociedad y han inspirado a otros a seguir un camino similar de liderazgo transformador.

2.   En qué consiste.

Situación actual:

Se explica en qué consiste la innovación y el liderazgo disruptivo, y se analizará su relevancia en la situación actual. Se abordarán los desafíos que los líderes enfrentan en un entorno caracterizado por la rápida evolución tecnológica, la competencia global y la demanda de productos y servicios innovadores.

Innovación y liderazgo disruptivo en la actualidad:

En la actualidad, la innovación y el liderazgo disruptivo son considerados impulsores clave del éxito empresarial y social.

Los líderes que fomentan una cultura de innovación desafían el status quo y están dispuestos a asumir riesgos pueden generar ventajas competitivas y abordar los desafíos cambiantes.

La capacidad de adaptarse rápidamente, fomentar la creatividad y promover la colaboración se considera esencial en el liderazgo innovador y disruptivo.

En la actualidad, la innovación y el liderazgo disruptivo son ampliamente considerados como impulsores clave del éxito empresarial y social. Aquí se describen y explican las razones de esta creencia:

1. Ventajas competitivas sostenibles: La globalización y la rápida evolución tecnológica han aumentado la competencia en casi todas las industrias. Las organizaciones que lideran la innovación pueden crear ventajas competitivas sostenibles al ofrecer productos o servicios únicos que satisfacen las necesidades cambiantes de los clientes.

Los líderes disruptivos identifican nuevas formas de hacer las cosas que pueden desplazar a las empresas tradicionales.

2. Adaptación a entornos cambiantes: El mundo empresarial y social está en constante cambio. Las organizaciones que no se adaptan a nuevas tecnologías, regulaciones, tendencias del mercado o desafíos globales están en riesgo de quedarse atrás. Los líderes innovadores son capaces de pivotar y ajustarse rápidamente a estas transformaciones, manteniendo la relevancia de sus organizaciones.

3. Creatividad y solución de problemas: La innovación y el liderazgo disruptivo fomentan la creatividad y la búsqueda constante de soluciones nuevas y mejores.

Los líderes que promueven una cultura de innovación alientan a sus equipos a pensar de manera no convencional, cuestionar el statu quo y proponer ideas innovadoras. Esto impulsa la resolución de problemas de manera eficaz y estimula la mejora continua.

4. Promoción de la colaboración: La innovación a menudo se produce a través de la colaboración interdisciplinaria y la diversidad de pensamiento. Los líderes disruptivos crean entornos en los que las personas se sienten empoderadas para compartir ideas y trabajar juntas en proyectos innovadores. Esto puede mejorar la creatividad y permitir que las organizaciones aborden desafíos complejos.

5. Cambio de paradigma: Los líderes disruptivos desafían los paradigmas establecidos y están dispuestos a romper con las normas convencionales. Esto puede llevar a la creación de nuevas industrias o la reinvención de las existentes.

Ejemplos como Uber, que transformó el transporte, y Airbnb, que cambió la industria de la hospitalidad, ilustran cómo el liderazgo disruptivo puede alterar la forma en que vivimos y trabajamos.

6. Fomento de la agilidad organizativa: La innovación y el liderazgo disruptivo promueven la agilidad organizativa, que es esencial en un mundo empresarial en constante cambio.

Las organizaciones ágiles pueden responder de manera rápida y efectiva a las oportunidades y amenazas emergentes, lo que les permite mantenerse en la cima de su juego.

7. Mejora de la sostenibilidad y la responsabilidad social: La innovación y el liderazgo disruptivo también pueden impulsar el progreso hacia objetivos de sostenibilidad y responsabilidad social. Líderes visionarios están utilizando la innovación para desarrollar soluciones más ecológicas, éticas y socialmente responsables.

En resumen, en el entorno empresarial y social actual, la innovación y el liderazgo disruptivo son considerados esenciales para el éxito.

Los líderes que abrazan estos principios están mejor preparados para prosperar en un mundo caracterizado por la rápida evolución y la incertidumbre, y tienen el potencial de generar un impacto duradero en sus organizaciones y en la sociedad en general.

II) Desarrollo y propuesta

3.   Cómo hacerlo:

Se presentan estrategias y prácticas para fomentar la innovación y el liderazgo disruptivo.

Se exploran métodos como la creación de una cultura de innovación, el fomento del pensamiento creativo, y la gestión del cambio.

El mundo está en constante cambio. Los líderes disruptivos son aquellos que son capaces de adaptarse a este cambio y liderar el cambio. Estos líderes son capaces de pensar fuera de la caja y encontrar nuevas soluciones a los problemas.

Para ser un líder disruptivo, necesitamos ser innovadores. Necesitamos ser capaces de pensar fuera de la caja y encontrar nuevas soluciones a los problemas.

También necesitamos ser capaces de tomar riesgos.

Cuando somos innovadores, hacemos del mundo un lugar mejor. Encontramos nuevas formas de resolver problemas. Creamos nuevas oportunidades para los demás.

Fomentar la innovación y el liderazgo disruptivo requiere un enfoque integral que abarque tanto la cultura organizativa como las prácticas de liderazgo. Aquí hay algunas estrategias y prácticas clave:

1. Creación de una cultura de innovación:

Definir una Visión clara: Los líderes deben comunicar una Visión clara que fomente la innovación y establezca la importancia de pensar de manera creativa y desafiante. Recompensar la toma de riesgos: Fomentar un ambiente donde la toma de riesgos sea vista como una oportunidad para aprender, en lugar de un error.

Las recompensas y reconocimientos para las ideas innovadoras pueden motivar a los empleados.

Promover la diversidad: La diversidad en el pensamiento y en el equipo es esencial para la innovación. Fomentar la diversidad de perspectivas y experiencias puede llevar a ideas frescas y disruptivas.

Facilitar la colaboración: Crear espacios y procesos que fomenten la colaboración interdepartamental y la libre circulación de ideas. La colaboración a menudo conduce a soluciones más innovadoras.

2. Fomento del pensamiento creativo:

Capacitación en pensamiento creativo: Proporcionar formación en técnicas de pensamiento creativo, como el pensamiento lateral, el diseño thinking o la lluvia de ideas, para equipar a los empleados con herramientas para abordar problemas de manera creativa.

Estimular la curiosidad: Incentivar la curiosidad y el cuestionamiento constante de la forma en que se hacen las cosas. Esto puede ser fomentado mediante la asignación de tiempo para la exploración y la investigación.

Mantener un entorno abierto a las ideas: Asegurarse de que los empleados se sientan cómodos compartiendo sus ideas sin temor a críticas negativas.

Esto requiere líderes que escuchen y valoren las aportaciones de sus equipos.

3. Gestión del cambio:

Liderazgo ejemplar: Los líderes deben ser modelos a seguir en la adopción de nuevos enfoques y en la gestión del cambio. Su compromiso y participación son fundamentales.

Comunicación efectiva: Mantener una comunicación clara y continua sobre los cambios planificados, los objetivos y las razones detrás de ellos. Esto ayuda a alinear a toda la organización.

Involucramiento de los empleados: Involucrar a los empleados en el proceso de cambio, permitiéndoles aportar ideas y contribuir a la implementación de nuevas prácticas.

Medición y ajuste: Establecer métricas para evaluar el progreso y realizar ajustes a medida que se avanza. Esto asegura que la organización siga en la dirección correcta.

4. Fomento de la autonomía y la experimentación:

Delegar responsabilidad: Permitir que los empleados tengan un grado de autonomía para tomar decisiones y experimentar con nuevas ideas. Esto fomenta la creatividad y la innovación.

Aprender de los fracasos: Aceptar que no todas las iniciativas innovadoras tendrán éxito y utilizar los fracasos como oportunidades de aprendizaje para mejorar.

Programas de incubación: Establecer programas internos de incubación o aceleradoras de innovación para apoyar proyectos piloto y nuevas iniciativas.

En resumen, fomentar la innovación y el liderazgo disruptivo implica crear una cultura que promueva la creatividad, la colaboración y la toma de riesgos.

Los líderes desempeñan un papel fundamental al definir la Visión, liderar con ejemplos y apoyar la implementación de nuevas ideas.

En un mundo en constante cambio, la capacidad de adaptarse y liderar el cambio es esencial para el éxito a largo plazo.

4.   Qué evitar:

Se identifican los errores comunes que los líderes pueden cometer al abordar la innovación y el liderazgo disruptivo.

Se proporcionan consejos para evitar la resistencia al cambio, falta de inversión en investigación y desarrollo, y la falta de enfoque en la experiencia del cliente.

Los líderes a menudo cometen errores al abordar la innovación y el liderazgo disruptivo. Aquí se describen algunos de los errores más comunes y se ofrecen consejos para evitarlos:

1. Resistencia al cambio:

Error: Ignorar o minimizar la resistencia al cambio dentro de la organización.

Consejo: Reconocer la resistencia como natural y trabajar activamente para mitigarla. Comunicar la Visión y los beneficios del cambio de manera clara y persuasiva. Involucrar a los empleados en el proceso de cambio para que se sientan parte de la solución.

2. Falta de inversión en investigación y desarrollo (I+D):

Error: Recortar presupuestos de I+D en tiempos de incertidumbre o presión financiera.

Consejo: Mantener un compromiso a largo plazo con la inversión en I+D como motor de la innovación. La inversión continua en investigación y desarrollo es esencial para mantener la competitividad a largo plazo.

3. Falta de enfoque en la experiencia del cliente:

Error: Centrarse exclusivamente en la eficiencia interna o la reducción de costos, descuidando la experiencia del cliente.

Consejo: Poner al cliente en el centro de la estrategia. Obtener retroalimentación constante de los clientes y utilizarla para mejorar productos y servicios. Diseñar experiencias que sorprendan y deleiten a los clientes.

4. Enfoque en el corto plazo en lugar del largo plazo:

Error: Priorizar resultados financieros a corto plazo en lugar de inversiones estratégicas a largo plazo.

Consejo: Mantener un equilibrio entre las metas a corto plazo y la Visión a largo plazo.

Asegurarse de que las estrategias y proyectos a corto plazo estén alineados con los objetivos de innovación y crecimiento a largo plazo.

5. Falta de apoyo y alineación en la alta dirección:

Error: No obtener el compromiso y el apoyo de la alta dirección para iniciativas de innovación y liderazgo disruptivo.

Consejo: Asegurar que la alta dirección esté alineada con la Visión de innovación y dispuesta a respaldarla activamente. La falta de apoyo desde la cima puede obstaculizar los esfuerzos de innovación.

6. Enfoque exclusivo en la tecnología:

Error: Creer que la innovación se limita únicamente a la tecnología, descuidando otras áreas como el modelo de negocio, los procesos o la cultura.

Consejo: Ampliar la definición de innovación para incluir todos los aspectos de la organización. La innovación puede manifestarse en la forma en que se hacen las cosas, cómo se entregan productos o servicios, y cómo se interactúa con los clientes.

7. Falta de aprendizaje de los fracasos:

Error: Castigar o ignorar los fracasos en lugar de aprender de ellos.

Consejo: Fomentar una cultura donde los fracasos se vean como oportunidades de aprendizaje. Analizar lo que salió mal y cómo se puede mejorar en el futuro. Celebrar los intentos valientes, incluso si no tienen éxito.

En resumen, evitar estos errores comunes es esencial para liderar con éxito la innovación y el cambio disruptivo.

Los líderes deben estar dispuestos a abordar la resistencia al cambio, invertir en el futuro, centrarse en el cliente y mantener un enfoque equilibrado entre el corto y largo plazo.

La capacidad de aprender de los errores y mantener una Visión a largo plazo también es crucial.

III) Conclusiones y reflexiones

5.   Para qué es importante:

Se resaltan los beneficios de la innovación y el liderazgo disruptivo, como la capacidad de generar ventajas competitivas, adaptarse a los cambios del mercado, impulsar la creatividad y la excelencia, y liderar el camino hacia la transformación y el crecimiento.

La innovación y el liderazgo disruptivo ofrecen una serie de beneficios significativos tanto para las organizaciones como para la sociedad en general.

Aquí se resaltan algunos de los principales beneficios:

1. Generación de ventajas competitivas sostenibles: La innovación y el liderazgo disruptivo permiten a las organizaciones crear productos, servicios o procesos únicos que les otorgan ventajas competitivas sostenibles en el mercado.

Estas ventajas pueden ayudar a una empresa a mantenerse a la vanguardia y superar a la competencia a lo largo del tiempo.

2. Adaptación a los cambios del mercado: En un mundo en constante evolución, las organizaciones que abrazan la innovación y el liderazgo disruptivo están mejor preparadas para adaptarse a los cambios en el mercado.

Tienen la agilidad y la capacidad de respuesta necesarias para enfrentar desafíos y aprovechar oportunidades emergentes.

3. Impulso de la creatividad y la excelencia: Fomentar la innovación y el liderazgo disruptivo estimula la creatividad en la organización.

Los empleados son alentados a pensar de manera creativa, a cuestionar el statu quo y a buscar soluciones innovadoras.

Esto puede llevar a la excelencia en la ejecución y la mejora continua.

4. Liderazgo en la transformación y el crecimiento: Los líderes disruptivos son agentes de cambio que lideran el camino hacia la transformación y el crecimiento.

Inspiran a sus equipos y organizaciones a abrazar nuevas oportunidades y a desafiar las convenciones establecidas. Esto puede resultar en un crecimiento significativo y una mayor rentabilidad.

5. Mejora de la eficiencia y la productividad: La innovación no se limita a la creación de productos o servicios nuevos, sino que también puede aplicarse a la mejora de procesos internos.

Las organizaciones pueden encontrar formas más eficientes y efectivas de hacer las cosas, lo que ahorra tiempo y recursos.

6. Resolución de problemas complejos: La innovación y el liderazgo disruptivo permiten abordar problemas complejos de manera más efectiva.

Los enfoques creativos y disruptivos pueden proporcionar soluciones a desafíos que antes parecían insuperables.

7. Desarrollo de soluciones sostenibles: La innovación puede conducir al desarrollo de soluciones más sostenibles desde una perspectiva ambiental y social.

Las organizaciones pueden diseñar productos y servicios que tengan un menor impacto negativo en el medio ambiente y en la sociedad en general.

8. Impacto positivo en la sociedad: La innovación y el liderazgo disruptivo no solo benefician a las organizaciones, sino que también pueden tener un impacto positivo en la sociedad en general al abordar problemas importantes y mejorar la calidad de vida de las personas.

En resumen, la innovación y el liderazgo disruptivo ofrecen una amplia gama de beneficios que van desde la ventaja competitiva hasta la capacidad de adaptación, el impulso de la creatividad y la contribución a la transformación y el crecimiento.

Las organizaciones y líderes que abrazan estos principios están mejor posicionados para tener éxito en un mundo en constante cambio.

6.   Escenarios futuros:

Se explorarán los posibles escenarios futuros en los que la innovación y el liderazgo disruptivo sean aún más cruciales, considerando factores como la aceleración tecnológica, la demanda de productos y servicios más sostenibles y personalizados, y la necesidad de anticiparse a los cambios y liderar la disrupción.

Se discutirán las habilidades y competencias necesarias para liderar en estos escenarios.

En un mundo caracterizado por la aceleración tecnológica, la creciente demanda de productos y servicios sostenibles y personalizados, y la necesidad de anticiparse a los cambios, la innovación y el liderazgo disruptivo serán aún más cruciales en los escenarios futuros.

Aquí se exploran algunos de estos posibles escenarios y las habilidades necesarias para liderar en ellos:

1. Transformación digital y automatización:

Escenario: La automatización y la inteligencia artificial continuarán avanzando, cambiando fundamentalmente la forma en que trabajamos y vivimos.

Las empresas que no adopten tecnologías digitales y no aprovechen la automatización podrían quedarse atrás.

Habilidades necesarias: Liderar en este escenario requerirá comprender las implicaciones de la automatización y cómo se pueden aprovechar las tecnologías digitales para mejorar la eficiencia y la productividad.

También será importante fomentar una cultura de aprendizaje continuo y adaptabilidad.

2. Sostenibilidad y responsabilidad social:

Escenario: La creciente conciencia ambiental y la demanda de productos y servicios sostenibles seguirán siendo una tendencia importante. Las organizaciones que no adopten prácticas y modelos de negocio sostenibles podrían enfrentar desafíos reputacionales y regulatorios.

Habilidades necesarias: Liderar en este contexto implicará la capacidad de integrar la sostenibilidad en la estrategia empresarial, identificar oportunidades de innovación verde y comunicar el compromiso de la organización con la responsabilidad social y ambiental.

3. Personalización y experiencia del cliente:

Escenario: Los consumidores cada vez más esperan productos y servicios altamente personalizados que se adapten a sus necesidades individuales.

Las organizaciones que no pueden proporcionar experiencias personalizadas podrían perder relevancia.

Habilidades necesarias: Liderar en este contexto requerirá comprender a fondo las necesidades y deseos de los clientes, así como la capacidad de utilizar datos y tecnología para personalizar productos y servicios.

Además, será crucial fomentar la empatía y la comprensión del cliente en toda la organización.

4. Cambio rápido y disrupción constante:

Escenario: La velocidad del cambio tecnológico y de mercado seguirá acelerándose, lo que requerirá que las organizaciones sean ágiles y estén dispuestas a adoptar nuevas estrategias y modelos de negocio en poco tiempo.

Habilidades necesarias: Liderar en este escenario implica la capacidad de anticipar tendencias, tomar decisiones rápidas y promover una cultura de agilidad y adaptación. La capacidad de aprender de los fracasos y ajustar estrategias será esencial.

5. Diversidad y colaboración global:

Escenario: La globalización y la diversidad de pensamiento seguirán siendo una característica fundamental del mundo empresarial. Las organizaciones que no puedan aprovechar la diversidad y colaborar en un entorno global podrían perder oportunidades.

Habilidades necesarias: Liderar en este contexto requerirá habilidades interculturales, capacidad de liderar equipos diversos y promover una cultura de inclusión y colaboración.

6. Ética y transparencia:

Escenario: La ética y la transparencia en los negocios serán cada vez más importantes para la confianza del consumidor y la reputación de la marca. Las organizaciones que no cumplan con altos estándares éticos podrían enfrentar consecuencias negativas.

Habilidades necesarias: Liderar en este escenario implica establecer estándares éticos claros, promover la integridad en toda la organización y comunicar de manera transparente las prácticas comerciales.

En resumen, en un futuro caracterizado por la aceleración tecnológica, la sostenibilidad, la personalización y la incertidumbre constante, los líderes deberán poseer habilidades como la adaptabilidad, la empatía, la agilidad y la capacidad de aprendizaje continuo.

La capacidad de innovar y liderar de manera disruptiva será esencial para enfrentar los desafíos y aprovechar las oportunidades en estos escenarios futuros.

Proyecciones de la innovación y liderazgo disruptivo a futuro:

En el futuro, la innovación y el liderazgo disruptivo serán aún más cruciales.

Los líderes del futuro deberán ser ágiles y abiertos al cambio, promoviendo la experimentación y la adaptabilidad en sus organizaciones.

Se espera que los líderes fomenten la colaboración y la diversidad de pensamiento, buscando constantemente nuevas formas de abordar los desafíos y aprovechar las oportunidades emergentes.

En el futuro, la innovación y el liderazgo disruptivo serán aún más cruciales debido a una serie de tendencias y cambios en el entorno empresarial y social. Aquí se describe cómo se espera que evolucione esta importancia:

1. Aceleración de la tecnología: La tecnología continuará avanzando a un ritmo vertiginoso, lo que generará tanto oportunidades como desafíos.

Los líderes del futuro deberán ser ágiles y estar abiertos al cambio para adoptar y aprovechar las nuevas tecnologías de manera efectiva.

La innovación tecnológica será un componente clave para mantener la competitividad.

2. Cambio constante en el mercado: Los líderes enfrentarán un mercado en constante evolución, con cambios en las preferencias de los consumidores, la regulación y la competencia. La capacidad de adaptabilidad y la disposición a cambiar las estrategias y los modelos de negocio serán esenciales para mantenerse relevantes.

3. Personalización y experiencia del cliente: Los consumidores seguirán esperando experiencias altamente personalizadas y adaptadas a sus necesidades individuales. Los líderes del futuro deberán enfocarse en comprender profundamente a sus clientes y utilizar datos y tecnología para ofrecer soluciones personalizadas.

4. Innovación sostenible: La sostenibilidad y la responsabilidad social serán factores críticos.

Los líderes deberán liderar esfuerzos para desarrollar productos y servicios más sostenibles y reducir el impacto ambiental. La innovación en este sentido será crucial para cumplir con las expectativas de los consumidores y las regulaciones.

5. Cambios demográficos y diversidad: La fuerza laboral será cada vez más diversa en términos de género, edad, origen étnico y experiencia. Los líderes del futuro deberán fomentar la colaboración y la diversidad de pensamiento para aprovechar al máximo el potencial de su equipo y adaptarse a las necesidades cambiantes de la sociedad.

6. Ética y transparencia: La ética empresarial y la transparencia seguirán siendo fundamentales para ganar la confianza de los consumidores y los empleados.

Los líderes deberán establecer estándares éticos claros y promover la integridad en toda la organización.

7. Cambio cultural hacia la innovación: Los líderes del futuro deberán crear una cultura organizativa que fomente la experimentación y la adaptabilidad. Esto significa alentar a los empleados a asumir riesgos y aprender de los fracasos.

La innovación ya no será responsabilidad exclusiva de un departamento, sino que será una parte integral de la cultura de la organización.

8. Aprendizaje continuo: Los líderes deberán liderar el camino en la promoción del aprendizaje continuo y el desarrollo de habilidades. La adaptabilidad y la adquisición constante de nuevos conocimientos serán esenciales para mantenerse a la vanguardia en un entorno en constante cambio.

En resumen, en el futuro, los líderes desempeñarán un papel fundamental en la promoción de la innovación y el liderazgo disruptivo.

Deberán ser ágiles, abiertos al cambio y comprometidos con la experimentación y la adaptabilidad.

La capacidad de fomentar la colaboración y la diversidad de pensamiento, así como la promoción de la ética y la transparencia, serán cruciales para liderar con éxito en los escenarios futuros.

"El liderazgo no se trata de ser el mejor.

Se trata de hacer que los demás sean mejores."

Jack Welch (Siglo XX)

Capítulo 10: Reflexiones y próximos pasos

I) Planteamiento y postura

1. Antecedentes:

En este capítulo final, se realiza una reflexión sobre los temas y aprendizajes abordados a lo largo del libro.

Se recuerdan los puntos clave y se revisarán las principales ideas presentadas en los capítulos anteriores.

A continuación, se enumeran las principales Conclusiones y reflexiones del concepto de "Liderazgo ¿Razón o Corazón? con una perspectiva y Visión de Líder Coach-Mentor" en cada uno de los capítulos:

Capítulo 1: Entretejiendo Pasado y Futuro en el Liderazgo

Conclusiones y reflexiones:

El liderazgo es un campo complejo y multifacético que requiere una comprensión profunda.

El líder Coach-Mentor debe desarrollar una base sólida para liderar de manera efectiva.

Recomendaciones:

Investigue y comprenda los diferentes enfoques y teorías de liderazgo.

Establezca una Visión y valores personales como líder Coach-Mentor.

Capítulo 2: Despertando la razón

Conclusiones y reflexiones:

El pensamiento lógico y racional son componentes esenciales del liderazgo efectivo.

La toma de decisiones informadas es fundamental para el éxito del líder Coach-Mentor.

Recomendaciones:

Fomente el desarrollo del pensamiento crítico y analítico.

Utilice datos y evidencia para respaldar sus decisiones como líder Coach-Mentor.

Capítulo 3: El poder de las emociones

Conclusiones y reflexiones:

Las emociones desempeñan un papel crucial en las relaciones y la motivación de los seguidores.

La inteligencia emocional es esencial para el líder Coach-Mentor.

Recomendaciones:

Desarrolle la capacidad de reconocer y gestionar sus propias emociones.

Practique la empatía y la escucha activa para comprender a su equipo.

Capítulo 4: La unión del pensamiento y el Corazón

Conclusiones y reflexiones:

Integrar la Razón y las emociones conduce a un liderazgo más completo y auténtico.

El equilibrio entre la lógica y la empatía es esencial para el líder Coach-Mentor.

Recomendaciones:

Fomente un entorno en el que los miembros del equipo se sientan valorados emocionalmente y respetados intelectualmente.

Trabaje en el desarrollo de habilidades de comunicación empática.

Capítulo 5: Liderando con propósito y pasión

Conclusiones y reflexiones:

El liderazgo con propósito y pasión inspira y motiva a los seguidores.

El líder Coach-Mentor debe alinear sus acciones con un propósito significativo.

Recomendaciones:

Identifique y comunique claramente su propósito como líder Coach-Mentor.

Fomente la pasión y el entusiasmo en su equipo a través del ejemplo.

Capítulo 6: El líder como guía y mentor

Conclusiones y reflexiones:

El líder Coach-Mentor desempeña un papel fundamental en el desarrollo y crecimiento de su equipo.

La mentoría y la orientación son herramientas poderosas en el liderazgo.

Recomendaciones:

Establezca relaciones de confianza con los miembros del equipo.

Proporcione orientación y apoyo personalizado para el desarrollo de habilidades.

Capítulo 7: Desarrollando la resiliencia en el liderazgo

Conclusiones y reflexiones:

La resiliencia es esencial para superar desafíos y mantenerse fuerte en el liderazgo.

El líder Coach-Mentor debe ser un modelo de resiliencia.

Recomendaciones:

Cultive la resiliencia a través de la autogestión emocional y la adaptabilidad.

Apoye el desarrollo de la resiliencia en su equipo.

Capítulo 8: Liderazgo ético y responsabilidad social

Conclusiones y reflexiones:

El liderazgo ético y la responsabilidad social son cruciales para generar confianza y un impacto positivo en la sociedad.

El líder Coach-Mentor debe liderar con integridad.

Recomendaciones:

Establezca y promueva estándares éticos sólidos en su organización.

Considere las consecuencias éticas de las decisiones y acciones.

Capítulo 9: Innovación y liderazgo disruptivo

Conclusiones y reflexiones:

La innovación y la disposición para el cambio son esenciales para mantenerse relevante en un entorno empresarial cambiante.

El líder Coach-Mentor debe fomentar la cultura de la innovación.

Recomendaciones:

Estimule la creatividad y el pensamiento innovador en su equipo.

Fomente un ambiente en el que el fracaso sea visto como una oportunidad de aprendizaje.

Capítulo 10: Reflexiones y próximos pasos

Conclusiones y reflexiones:

El liderazgo Coach-Mentor es un viaje continuo de aprendizaje y desarrollo.

La autorreflexión es clave para la mejora constante como líder Coach-Mentor.

Recomendaciones:

Reflexione sobre las lecciones aprendidas a lo largo del libro y cómo aplicarlas en su liderazgo.

Establezca metas y acciones específicas para continuar su crecimiento como líder Coach-Mentor.

2.   En qué consiste.

Situación actual:

Se analiza la situación actual del liderazgo en relación con los conceptos y habilidades explorados en el libro.

Se abordan las tendencias y los desafíos actuales y se enfatizará la importancia de seguir aprendiendo y creciendo como líderes.

La situación actual del liderazgo en relación con el concepto de "Liderazgo ¿Razón o Corazón?" desde la perspectiva del Líder Coach-Mentor está marcada por una serie de tendencias y desafíos que enfatizan la importancia de seguir aprendiendo y creciendo como líderes.

A continuación, se describen y analizan estos aspectos:

Tendencias Actuales en el Liderazgo desde la Perspectiva del Líder Coach-Mentor:

1.   Enfoque en el Liderazgo Auténtico: La tendencia actual es hacia un liderazgo más auténtico y humano, donde los líderes Coach-Mentor muestran su verdadera personalidad y valores.

Esto implica ser honesto consigo mismo y con los demás, lo que se alinea con el concepto de "Corazón" en el liderazgo.

2.   Inteligencia Emocional: La inteligencia emocional sigue siendo una tendencia crucial en el liderazgo actual. Los líderes Coach-Mentor deben comprender y gestionar sus emociones y las de su equipo para mantener relaciones saludables y productivas.

3.   Mentoría y Desarrollo Personalizado: La mentoría y el desarrollo personalizado están en auge.

Los líderes Coach-Mentor se dan cuenta de que el crecimiento de sus equipos es esencial y están dispuestos a invertir tiempo y esfuerzo en orientar y apoyar a sus colaboradores de manera individualizada.

4.   Diversidad e Inclusión: La diversidad y la inclusión son temas críticos en la actualidad. Los líderes Coach-Mentor se esfuerzan por crear entornos inclusivos donde se valoren las diferencias y se promueva la igualdad de oportunidades.

Desafíos Actuales en el Liderazgo desde la Perspectiva del Líder Coach-Mentor:

1.   Cambio Acelerado: Los líderes enfrentan un entorno empresarial en constante cambio, lo que exige una mayor agilidad y adaptabilidad. La capacidad de liderar con "razón" implica tomar decisiones informadas y estratégicas en este contexto.

2.   Crisis de Confianza: La confianza en las instituciones y en los líderes ha disminuido en muchos lugares. Los líderes Coach-Mentor deben trabajar activamente para ganar y mantener la confianza de sus equipos y partes interesadas.

3.   Fatiga y Bienestar: La pandemia de COVID-19 ha aumentado la conciencia sobre el bienestar de los empleados. Los líderes Coach-Mentor deben abordar la fatiga y el agotamiento, mostrando empatía y apoyo a sus equipos.

4. Ética y Responsabilidad Social: Los líderes enfrentan crecientes expectativas en cuanto a liderar de manera ética y socialmente responsable. La "razón" en el liderazgo implica tomar decisiones basadas en principios éticos sólidos.

Importancia del Aprendizaje Continuo:

Dentro de esta compleja dinámica, la importancia del aprendizaje continuo es fundamental para los líderes Coach-Mentor. La capacidad de adaptarse a las tendencias y de afrontar los desafíos actuales requiere un compromiso constante con el desarrollo personal y profesional. Los líderes deben estar dispuestos a adquirir nuevas habilidades, aprender de las experiencias y buscar oportunidades para mejorar su liderazgo.

En resumen, el liderazgo en la actualidad desde la perspectiva del Líder Coach-Mentor se encuentra en un punto crítico, donde la autenticidad, la inteligencia emocional, la mentoría y el enfoque en la Razón y el Corazón son esenciales.

Los desafíos y las tendencias actuales destacan la necesidad de líderes comprometidos con el aprendizaje continuo y la adaptabilidad para liderar de manera efectiva en un mundo en constante evolución.

II) Desarrollo y propuesta

3. Cómo hacerlo:

Se presentan estrategias y recomendaciones para seguir desarrollando habilidades de liderazgo de manera continua.

Se exploran enfoques como la formación y el coaching, la participación en redes y comunidades profesionales, la lectura y el estudio de casos de liderazgo inspiradores.

El liderazgo es una habilidad compleja que requiere una variedad de habilidades y cualidades. Los mejores líderes son aquellos que son capaces de utilizar tanto su pensamiento lógico como su intuición y sus emociones para tomar decisiones acertadas.

La Razón y el Corazón son dos herramientas poderosas que pueden utilizarse en conjunto para tomar decisiones acertadas.

Los mejores líderes son aquellos que son capaces de integrar la Razón y el Corazón.

El mundo está en constante cambio. Los líderes que sean capaces de adaptarse a este cambio serán los más exitosos.

Los líderes que sean capaces de innovar y ser disruptivos serán los que liderarán el cambio.

Desarrollar habilidades de liderazgo de manera continua es esencial para mantenerse efectivo en un entorno en constante cambio y para integrar la Razón y el Corazón en la toma de decisiones.

Aquí te presento algunas estrategias y recomendaciones para lograrlo:

1. Formación y Coaching:

Invierte en programas de formación y coaching que se enfoquen en el desarrollo de habilidades de liderazgo. Esto puede incluir cursos, talleres y sesiones individuales con coaches experimentados.

El coaching es particularmente efectivo para el desarrollo personalizado de habilidades de liderazgo y para recibir retroalimentación constructiva.

2. Participación en Redes y Comunidades Profesionales:

Únete a redes profesionales y comunidades relacionadas con tu industria o área de interés. Esto te permitirá aprender de otros líderes y compartir tus propias experiencias.

La interacción con colegas y líderes en eventos, conferencias y grupos en línea puede proporcionar valiosas perspectivas y oportunidades de aprendizaje.

3. Lectura y Estudio de Casos Inspiradores:

Lee libros, artículos y estudios de casos sobre liderazgo inspirador. Estudiar las experiencias y éxitos de líderes destacados puede proporcionar ideas y estrategias aplicables.

Considera la lectura de biografías de líderes que hayan logrado la integración exitosa de la Razón y el Corazón en su liderazgo.

4. Mentoría y Aprendizaje de Pares:

Busca mentores o colegas experimentados que puedan guiarte en tu desarrollo como líder.

La mentoría te brinda la oportunidad de aprender de la experiencia de otros y recibir consejos personalizados.

5. Autoevaluación y Autorreflexión:

Realiza regularmente autoevaluaciones de tus habilidades de liderazgo. Identifica tus fortalezas y áreas de mejora.

Practica la autorreflexión para entender cómo tus emociones y pensamientos influyen en tus decisiones y acciones como líder.

6. Desarrollo de la Inteligencia Emocional:

Trabaja en el desarrollo de tu inteligencia emocional. Esto implica la capacidad de reconocer, comprender y gestionar tus propias emociones y las de los demás.

La inteligencia emocional es esencial para liderar con empatía y construir relaciones efectivas.

7. Innovación y Experimentación:

Fomenta un ambiente en el que la innovación y la experimentación sean bienvenidas. Anima a tu equipo a proponer ideas nuevas y a cuestionar el statu quo.

No temas tomar riesgos calculados y aprender de los fracasos.

8.   Mantente Actualizado con las Tendencias del Liderazgo:

Sigue de cerca las tendencias actuales en liderazgo. Lee libros y artículos sobre liderazgo adaptativo, ético, y socialmente responsable.

Mantente informado sobre los avances en tecnología y cómo pueden afectar tu liderazgo.

9.   Aplicación Práctica y Feedback Constante:

Aplica lo que aprendes de manera práctica en tu entorno laboral.

Busca feedback constante de tus colegas y colaboradores para evaluar tu progreso y realizar ajustes.

10.   Desarrollo de Resiliencia:

Aprende a desarrollar la resiliencia para enfrentar los desafíos y el cambio constante con fortaleza.

Practica el manejo del estrés y el mantenimiento de una mentalidad positiva.

En resumen, el desarrollo continuo de habilidades de liderazgo requiere un enfoque multifacético que combine la formación formal, la mentoría, la autorreflexión y la aplicación práctica. La integración de la Razón y el Corazón en la toma de decisiones, junto con la adaptabilidad y la innovación, son componentes clave para liderar con éxito en un mundo en constante cambio.

4.   Qué evitar:

Se identifican las trampas y obstáculos comunes que pueden interferir con el crecimiento y desarrollo como líderes.

Se proporcionan consejos para evitar la complacencia, la falta de autocrítica y la resistencia al cambio.

Identificar y evitar las trampas y obstáculos comunes es esencial para el crecimiento y desarrollo continuo como líder.

Aquí se describen algunas de las trampas más comunes y se ofrecen consejos para evitarlas:

1. Complacencia:

Trampa: La complacencia puede surgir cuando un líder se siente satisfecho con el estado actual de su liderazgo y deja de buscar la mejora continua.

Consejos para Evitarla:

Mantén una mentalidad de aprendizaje constante. Siempre hay algo nuevo por descubrir y aprender en el liderazgo.

Establece metas desafiantes para ti mismo y para tu equipo, y busca formas de superarlas.

Solicita retroalimentación regularmente y busca áreas de mejora, incluso cuando las cosas van bien.

2. Falta de Autocrítica:

Trampa: La falta de autocrítica impide que los líderes reconozcan sus debilidades y áreas de mejora, lo que limita su crecimiento.

Consejos para Evitarla:

•   Practica la autorreflexión regularmente. Pregúntate a ti mismo qué podrías haber hecho mejor en situaciones pasadas.

•   Busca feedback honesto de colegas, mentores y colaboradores, y actúa en base a sus comentarios.

•   No temas admitir errores y asumir la responsabilidad de ellos. Los errores son oportunidades de aprendizaje.

3. Resistencia al Cambio:

Trampa: La resistencia al cambio puede llevar al estancamiento y evitar que los líderes se adapten a nuevas circunstancias o desafíos.

Consejos para Evitarla:

• Desarrolla una mentalidad de apertura al cambio. En lugar de resistirlo, busca oportunidades para innovar y mejorar.

• Comprende que el cambio es una constante en el mundo actual. Prepárate para enfrentarlo con flexibilidad y adaptabilidad.

• Comunica de manera efectiva el propósito detrás del cambio a tu equipo para obtener su apoyo y colaboración.

4. Falta de Empatía:

Trampa: La falta de empatía puede alejar a los líderes de sus equipos y crear una brecha de comunicación.

Consejos para Evitarla:

• Practica la empatía activamente al ponerse en el lugar de los demás y comprender sus perspectivas.

• Escucha de manera genuina a tu equipo, mostrando interés por sus preocupaciones y necesidades.

• Valora las contribuciones individuales y fomenta un ambiente inclusivo y respetuoso.

5. Exceso de Confianza:

Trampa: El exceso de confianza puede llevar a la toma de decisiones impulsivas y la falta de consideración de diferentes perspectivas.

Consejos para Evitarla:

• Mantén un sentido equilibrado de confianza en ti mismo y en tus habilidades, pero no te cierres a la posibilidad de cometer errores.

• Fomenta la diversidad de pensamiento en tu equipo y busca opiniones y perspectivas diversas antes de tomar decisiones importantes.

• Reconoce que siempre hay más por aprender y que la humildad es una cualidad valiosa en el liderazgo.

6. Falta de Planificación a Largo Plazo:

Trampa: La falta de planificación a largo plazo puede llevar a una gestión reactiva y a la falta de Visión a futuro.

Consejos para Evitarla:

• Establece metas a largo plazo y desarrolla planes estratégicos para alcanzarlas.

• Evalúa regularmente tus objetivos y ajusta tu enfoque según sea necesario.

• Considera el impacto a largo plazo de tus decisiones y acciones en lugar de centrarte únicamente en el corto plazo.

En resumen, evitar estas trampas comunes en el liderazgo requiere una combinación de autorreflexión, búsqueda de feedback, apertura al cambio y desarrollo de habilidades de empatía.

Los líderes que son conscientes de estas trampas y trabajan activamente para superarlas están mejor posicionados para lograr un crecimiento y desarrollo continuo en su rol de liderazgo.

III) Conclusiones y reflexiones

5. Para qué es importante:

Se resaltan los beneficios de seguir reflexionando y mejorando como líderes, como el crecimiento personal y profesional, el logro de metas más ambiciosas, la influencia positiva en los demás y el impulso de resultados excepcionales.

La reflexión continua y la mejora constante como líderes ofrecen una amplia gama de beneficios que impactan tanto en el ámbito personal como en el profesional. Aquí se destacan algunos de los beneficios más significativos:

1.   Crecimiento Personal y Profesional:

La reflexión y la mejora constante permiten a los líderes desarrollar una mayor autoconciencia. Comprender sus fortalezas, debilidades y valores personales les brinda una base sólida para el crecimiento.

El desarrollo de habilidades de liderazgo mejora la capacidad de comunicarse de manera efectiva, tomar decisiones informadas y abordar desafíos de manera constructiva.

A nivel personal, la mejora continua fomenta la autoestima y la satisfacción, ya que los líderes se sienten más competentes y exitosos en su rol.

2.   Logro de Metas Más Ambiciosas:

Los líderes que se esfuerzan por mejorar constantemente están mejor preparados para establecer y alcanzar metas más ambiciosas. La autodisciplina y la determinación se fortalecen a medida que se enfrentan a nuevos desafíos.

La planificación estratégica y la Visión a largo plazo son habilidades que se desarrollan con la reflexión constante, lo que permite a los líderes establecer metas más audaces y diseñar planes efectivos para alcanzarlas.

3.   Influencia Positiva en los Demás:

Los líderes que se esfuerzan por mejorar sirven como modelos a seguir para sus equipos. Inspirar a través del ejemplo es una forma poderosa de influencia. La empatía y la capacidad de comprender las necesidades y preocupaciones de los demás mejoran con la reflexión constante, lo que permite a los líderes conectar de manera más efectiva con sus colaboradores.

Los equipos liderados por individuos que buscan el crecimiento y la mejora a menudo son más motivados y comprometidos, ya que sienten que están siendo guiados por alguien que se preocupa por su desarrollo.

4.   Impulso de Resultados Excepcionales:

La mejora constante lleva a la toma de decisiones más informadas y estratégicas. Los líderes pueden identificar y abordar obstáculos con mayor eficacia.

La adaptabilidad y la capacidad de gestionar el cambio mejoran, lo que permite a los líderes enfrentar situaciones imprevistas con resiliencia y creatividad.

La atención a los detalles y el compromiso con la excelencia son rasgos que se desarrollan a través de la mejora continua, lo que contribuye a la obtención de resultados excepcionales.

5.   Resiliencia y Manejo del Fracaso:

La mejora continua fortalece la resiliencia emocional y la capacidad de recuperación ante el fracaso. Los líderes son más propensos a ver los obstáculos como oportunidades de aprendizaje en lugar de derrotas.

La autocrítica constructiva se vuelve una habilidad valiosa. Los líderes pueden evaluar sus errores de manera objetiva y utilizarlos como trampolines para el crecimiento.

6.   Mayor Satisfacción y Sentido de Propósito:

Los líderes que buscan mejorar constantemente a menudo experimentan una mayor satisfacción en su trabajo y un sentido más profundo de propósito.

Al alinear sus acciones con sus valores y metas personales, encuentran un mayor significado en su liderazgo y en su contribución a la organización y la sociedad en general.

En resumen, la reflexión y la mejora continua como líderes no solo benefician al individuo, sino que también tienen un impacto positivo en sus equipos y organizaciones.

Estos líderes están mejor preparados para enfrentar desafíos, inspirar a otros y lograr resultados excepcionales en su búsqueda de metas más ambiciosas.

Reflexiones

Después de explorar el papel de la Razón y el Corazón en el liderazgo, he llegado a la conclusión de que estos dos elementos son esenciales para el éxito de cualquier líder. La Razón nos ayuda a tomar decisiones lógicas y racionales, mientras que el Corazón nos ayuda a conectar con los demás y a inspirarlos. Los mejores líderes son aquellos que son capaces de integrar la Razón y el Corazón en su liderazgo.

El papel de la Razón y el Corazón en el liderazgo es fundamental para el éxito de cualquier líder. Estos dos elementos desempeñan roles complementarios y esenciales en la toma de decisiones, la gestión de equipos y la construcción de relaciones efectivas.

Aquí se explora cómo la Razón y el Corazón se entrelazan en el liderazgo efectivo:

1.   Razón en el Liderazgo:

Toma de Decisiones Lógicas: La razón implica la capacidad de analizar información de manera lógica y objetiva. Los líderes deben utilizar datos y evidencia para tomar decisiones informadas que beneficien a la organización y a su equipo.

Planificación Estratégica: La planificación estratégica, que se basa en la lógica y la razón, es esencial para el éxito a largo plazo. Los líderes deben establecer metas claras y diseñar planes efectivos para alcanzarlas.

Resolución de Problemas: La resolución de problemas requiere un enfoque racional para identificar, analizar y abordar los desafíos que surgen en el entorno empresarial.

Liderazgo Ético: La Razón también desempeña un papel importante en el liderazgo ético, ya que implica la toma de decisiones basadas en principios y valores sólidos.

2. Corazón en el Liderazgo:

Conexión Humana: El Corazón se relaciona con la empatía y la capacidad de conectarse emocionalmente con los demás. Los líderes que demuestran empatía pueden comprender mejor las necesidades y preocupaciones de su equipo.

Inspiración y Motivación: El Corazón permite a los líderes inspirar y motivar a sus colaboradores. La pasión y la autenticidad emocional pueden generar entusiasmo y compromiso en el equipo.

Construcción de Relaciones: La construcción de relaciones efectivas se basa en la confianza y el respeto mutuo, elementos que tienen un fuerte componente emocional. Los líderes que se preocupan por las personas a su cargo tienden a construir relaciones más sólidas.

Mentoría y Desarrollo Personal: El liderazgo con Corazón implica guiar y apoyar el desarrollo personal y profesional de los miembros del equipo.

Los líderes que actúan como mentores a menudo tienen un impacto significativo en el crecimiento de sus colaboradores.

3. Integración de Razón y Corazón:

Los mejores líderes son aquellos que son capaces de integrar la Razón y el Corazón en su liderazgo de manera equilibrada.

Combinan la toma de decisiones basada en datos y análisis con una autenticidad emocional que conecta con su equipo.

Esta integración permite a los líderes abordar desafíos con empatía, liderar con propósito y pasión, y tomar decisiones éticas y racionales que consideran tanto los resultados como el impacto en las personas.

Los líderes que equilibran la Razón y el Corazón suelen ser más efectivos en la resolución de conflictos, la gestión del cambio y la creación de un entorno de trabajo positivo y productivo.

En resumen, la integración de la Razón y el Corazón en el liderazgo es esencial para liderar de manera efectiva en un entorno complejo y diverso. Los líderes que pueden tomar decisiones lógicas y racionales al tiempo que se conectan emocionalmente con su equipo son capaces de inspirar, motivar y lograr resultados excepcionales.

6. Escenarios futuros:

Como líder, estoy comprometido a desarrollar mis habilidades de liderazgo de manera permanente.

Voy a trabajar en desarrollar mi inteligencia emocional, mi resiliencia y mi capacidad de pensar fuera de la caja.

También voy a trabajar en desarrollar mi sentido de propósito y pasión, y voy a buscar oportunidades para ser un mentor y una guía para los demás.

Creo que, al desarrollar estas habilidades, seré capaz de hacer una diferencia positiva en el mundo.

Se ofrecerán perspectivas sobre los escenarios futuros del liderazgo, considerando las tendencias y los cambios emergentes en la sociedad y el entorno empresarial.

Se invitará a los lectores a imaginar su papel como líderes en esos escenarios y a establecer metas y planes de acción para su desarrollo continuo.

En este último capítulo, se ofrecerá una reflexión general sobre los temas abordados a lo largo del libro.

Se invitará a los lectores a reflexionar sobre su propio liderazgo y a considerar cómo pueden aplicar los conceptos y las habilidades presentadas en su contexto específico.

Se proporcionarán recomendaciones prácticas y se ofrecerá una Visión de los próximos pasos que los líderes pueden tomar para continuar su desarrollo y construir un liderazgo sólido y efectivo.

Algunos consejos para invitar a los lectores a reflexionar sobre su propio liderazgo, establecer metas y planes de acción, y seguir desarrollándose como líderes efectivos:

1.   Autoevaluación y Reflexión:

Comienzo por alentar a los lectores a realizar una autoevaluación honesta de sus habilidades de liderazgo actuales. Pregúntales que consideren sus fortalezas y debilidades.

Animo a reflexionar sobre sus experiencias pasadas como líderes y a identificar situaciones en las que se sintieron especialmente eficaces o desafiados.

2.   Establecimiento de Metas Claras:

Invito a los lectores a definir metas específicas para su desarrollo como líderes. Las metas deben ser realistas y medibles.

Animo a considerar tanto las metas a corto plazo como las metas a largo plazo. Esto proporcionará una dirección clara para su desarrollo.

3.   Identificación de Áreas de Mejora:

Ayudo a los lectores a identificar áreas específicas en las que deseen mejorar. Esto podría incluir habilidades de comunicación, gestión del tiempo, toma de decisiones, empatía, etc.

Invito a que reflexionen sobre por qué consideran que estas áreas necesitan mejora y cómo esto podría beneficiar a su equipo u organización.

4.   Desarrollo de un Plan de Acción:

Animo a los lectores a desarrollar un plan de acción con pasos concretos para alcanzar sus metas de liderazgo. Cada paso debe ser claro y alcanzable.

Sugiero que establezcan plazos realistas para cada paso del plan, lo que les ayudará a mantenerse enfocados.

5.   Aplicación de Conceptos en Situaciones Reales:

Pido a los lectores que consideren cómo pueden aplicar los conceptos y habilidades de liderazgo que han aprendido en situaciones reales en su trabajo o vida cotidiana.

Animo a practicar y experimentar con nuevas técnicas y enfoques de liderazgo.

6.   Feedback y Mentores:

Recuerdo la importancia del feedback en el proceso de desarrollo. Sugiero que busquen mentores o colegas de confianza que puedan proporcionar retroalimentación constructiva.

Aliento a mantener conversaciones abiertas con su equipo para comprender mejor sus necesidades y preocupaciones.

7.   Evaluación y Ajustes Constantes:

Subrayo la importancia de evaluar regularmente el progreso hacia las metas establecidas y hacer ajustes según sea necesario.

Destaco que el desarrollo como líder es un proceso continuo y que está bien realizar cambios en el plan a medida que se avanza.

8.   Visión de Futuro y Compromiso:

Inspiro a los lectores a imaginar su futuro como líderes altamente efectivos. ¿Dónde se ven en 5 o 10 años? ¿Cómo impactarán en sus equipos y organizaciones?

Animo a mantener un compromiso constante con su desarrollo, incluso cuando enfrenten obstáculos o desafíos.

9.   Recursos de Aprendizaje Continuo:

Proporciono recomendaciones de libros, cursos, conferencias y recursos en línea que pueden ayudar a los lectores en su desarrollo continuo como líderes.

Destaco la importancia de mantenerse actualizado con las tendencias y conceptos emergentes en liderazgo.

10. Celebra los Logros:

Finalmente, recuerdo a los lectores que celebren sus logros y avances en el desarrollo de liderazgo.

El reconocimiento positivo refuerza la motivación y la autoestima.

En resumen, la invitación a los lectores a reflexionar sobre su liderazgo y a establecer metas y planes de acción para su desarrollo continuo es un paso esencial para construir un liderazgo sólido y efectivo.

Proporcionar recomendaciones prácticas y una Visión clara de los próximos pasos les ayudará a avanzar hacia sus objetivos de liderazgo.

Además, se resaltarán los principales mensajes y se reforzará la importancia de un liderazgo centrado en valores, la conexión con los demás y el impacto positivo en la sociedad y el mundo en general.

El liderazgo centrado en valores y principios es fundamental para crear un impacto positivo en la sociedad y en el mundo en general. Aquí se destacan los principales aspectos que refuerzan su importancia:

1. Construcción de Confianza:

Los líderes que actúan de manera ética y basan sus decisiones en valores sólidos generan confianza entre sus equipos y comunidades. La confianza es esencial para establecer relaciones sólidas y efectivas.

2. Crecimiento y Desarrollo Sostenible:

El liderazgo basado en valores fomenta la toma de decisiones a largo plazo que tienen en cuenta la sostenibilidad económica, social y ambiental.

Los líderes éticos están comprometidos con el crecimiento y el desarrollo sostenible de sus organizaciones y comunidades, contribuyendo al bienestar a largo plazo.

3.   Inspiración y Motivación:

Los líderes que demuestran un fuerte sentido de valores y principios a menudo inspiran y motivan a sus equipos y seguidores. Su autenticidad y pasión son contagiosas.

Esta inspiración puede llevar a un mayor compromiso y a un esfuerzo extraordinario por parte de los colaboradores.

4.   Liderazgo Ético y Responsabilidad Social:

Los líderes éticos no solo cumplen con los estándares legales, sino que van más allá al considerar las implicaciones éticas de sus acciones.

Contribuyen a la responsabilidad social corporativa al adoptar prácticas empresariales responsables y sostenibles.

5.   Resolución de Conflictos y Construcción de Consenso:

Los líderes basados en valores son hábiles en la resolución de conflictos y la construcción de consenso. Buscan soluciones que respeten los principios y valores compartidos.

Esta habilidad es esencial para mantener la armonía en equipos y comunidades diversas.

6.   Ética y Buen Gobierno:

Los líderes éticos promueven la transparencia y la rendición de cuentas en sus organizaciones. Fomentan la integridad en todos los niveles y en todas las acciones.

Contribuyen al buen gobierno corporativo y a la creación de una cultura organizativa sólida.

7.   Impacto Positivo en la Sociedad:

Los líderes centrados en valores consideran el impacto de sus decisiones y acciones en la sociedad en general. Buscan contribuir al bienestar común y al progreso social.

A menudo se involucran en iniciativas filantrópicas y de responsabilidad social para hacer una diferencia positiva en la comunidad.

8. Legado y Empoderamiento:

Los líderes éticos dejan un legado duradero al influir positivamente en las vidas de los demás y en el rumbo de las organizaciones y comunidades.

Empoderan a otros a seguir su ejemplo y a adoptar valores sólidos en su propio liderazgo.

9. Liderazgo Global:

En un mundo cada vez más interconectado, el liderazgo basado en valores y principios es esencial para abordar desafíos globales como el cambio climático, la desigualdad y la justicia social.

Los líderes éticos pueden influir en la toma de decisiones a nivel internacional y contribuir a la paz y la cooperación global.

En resumen, el liderazgo centrado en valores y principios es un enfoque poderoso que no solo beneficia a las organizaciones y equipos, sino que también tiene un impacto positivo en la sociedad y el mundo en general. Los líderes éticos son modelos a seguir que inspiran confianza, promueven la responsabilidad social y dejan un legado duradero de integridad y éxito sostenible.

Con el desarrollo de estos capítulos, se completa la secuencia de los diez capítulos propuestos en el libro *"Liderazgo ¿Razón o Corazón? Mi Visión de Coach..."*. Cada capítulo aborda un tema específico relacionado con el liderazgo y brinda información, estrategias y reflexiones para desarrollar habilidades de liderazgo efectivas.

A través de estos capítulos, los lectores podrán adquirir conocimientos y herramientas prácticas para fortalecer su liderazgo, tanto a nivel personal como profesional.

Se exploran aspectos como la Razón y la emoción, el propósito y la pasión, la guía y la mentoría, la resiliencia, la ética y responsabilidad social, así como la innovación y el liderazgo disruptivo.

Cada capítulo se estructura en tres secciones: Planteamiento- postura, desarrollo-propuesta y conclusiones-reflexiones.

En el Planteamiento y postura, se presentan los antecedentes históricos y teóricos del tema, brindando un contexto para comprender su relevancia.

En el desarrollo, se exploran estrategias, prácticas y consejos prácticos sobre cómo aplicar los conceptos en la vida real y evitar posibles errores.

En las conclusiones, se resumen los beneficios y se exploran los escenarios futuros en los que el tema del capítulo será aún más relevante.

El libro busca inspirar a los líderes a reflexionar sobre su estilo de liderazgo, a desarrollar nuevas habilidades y a adoptar enfoques más integrales y efectivos.

A través de una combinación de teoría y aplicación práctica, se invita a los lectores a adquirir una comprensión más profunda del liderazgo y a dar los próximos pasos necesarios para convertirse en líderes excepcionales.

Estos capítulos resumen las principales ideas y conceptos relacionados con el liderazgo a lo largo de la historia, en la actualidad y las proyecciones para el futuro.

Cada capítulo aborda un aspecto clave del liderazgo, desde la Razón y las emociones hasta el propósito y la pasión, la guía y mentoría, la resiliencia, la ética y responsabilidad social, y la innovación y el liderazgo disruptivo.

Al comprender estos aspectos, los líderes pueden desarrollar habilidades y enfoques más efectivos para liderar en un mundo cambiante y complejo.

El desarrollo del liderazgo a lo largo de diferentes etapas, desde la Razón y las emociones hasta el propósito y la pasión, la guía y mentoría, la resiliencia, la ética y responsabilidad social, y la innovación y el liderazgo disruptivo, implica una progresión que refleja la madurez y la adaptabilidad de un líder en un mundo cambiante y complejo.

A continuación, se describe esta evolución:

1.   Razón y Emociones:

En las primeras etapas del desarrollo del liderazgo, los líderes suelen enfocarse en la Razón y la lógica. Toman decisiones basadas en datos y análisis.

Sin embargo, a medida que avanzan en su desarrollo, comprenden la importancia de equilibrar la Razón con las emociones. Reconocen que las relaciones y la empatía son esenciales para liderar de manera efectiva.

2.   Propósito y Pasión:

Los líderes que continúan su desarrollo comienzan a explorar su propósito y pasión en el liderazgo. Reflexionan sobre por qué lideran y qué los motiva.

Establecen un propósito claro que guía sus acciones y les infunde pasión por su trabajo y su equipo.

3.   Guía y Mentoría:

A medida que ganan experiencia, los líderes se dan cuenta de la importancia de ser guías y mentores para otros. Comparten su conocimiento y experiencia con el equipo.

Se convierten en modelos a seguir que inspiran y desarrollan a quienes los rodean.

4.   Resiliencia:

En un mundo en constante cambio, los líderes deben desarrollar resiliencia. Aprenden a adaptarse y superar desafíos y fracasos. Entienden que la resiliencia es clave para mantener la estabilidad y la motivación en tiempos difíciles.

5.   Ética y Responsabilidad Social:

Los líderes éticos comprenden que sus acciones tienen un impacto en la sociedad y el medio ambiente. Adoptan un enfoque de liderazgo ético y responsabilidad social. Consideran las implicaciones éticas de sus decisiones y buscan el bienestar de todas las partes interesadas.

6.   Innovación y Liderazgo Disruptivo:

En un mundo impulsado por la innovación, los líderes buscan formas de liderar disruptivamente. Fomentan la creatividad y la capacidad de adaptación en sus equipos.

Están dispuestos a cuestionar el statu quo y a adoptar nuevas tecnologías y enfoques para lograr resultados excepcionales.

En cada una de estas etapas, los líderes desarrollan habilidades y enfoques más efectivos para liderar en un mundo cambiante y complejo.

Aprenden a equilibrar la Razón y las emociones, a liderar con propósito y pasión, a ser guías y mentores, a cultivar la resiliencia, a tomar decisiones éticas y a fomentar la innovación.

Esta progresión refleja la evolución de un líder que busca constantemente mejorar y adaptarse para enfrentar los desafíos del entorno actual.

Ciertamente, las conclusiones de la evolución de un líder que desarrolla habilidades y enfoques más efectivos para liderar en un mundo cambiante y complejo, que abarca desde equilibrar la Razón y las emociones hasta liderar con propósito y pasión, ser guía y mentor, cultivar la resiliencia, tomar decisiones éticas y fomentar la innovación, son esenciales para comprender la importancia de este proceso.

Aquí están las principales Conclusiones y reflexiones:

1.   Equilibrio entre Razón y Emociones:

Los líderes que pueden equilibrar la Razón y las emociones son más efectivos en la toma de decisiones y en la construcción de relaciones sólidas con su equipo.

Comprenden que las decisiones basadas únicamente en datos pueden carecer de empatía y conexión humana.

2.   Propósito y Pasión como Motores:

El liderazgo con propósito y pasión motiva y dirige a los equipos de manera más efectiva.

Los líderes que han identificado su propósito tienen una Visión clara y una fuente constante de motivación que influye positivamente en su entorno.

3.   Guía y Mentoría para el Desarrollo:

Los líderes que se convierten en guías y mentores para su equipo cultivan el crecimiento y el empoderamiento de los miembros de su equipo. Esto resulta en un equipo más fuerte y capacitado.

4.   Resiliencia en la Adversidad:

La resiliencia es una habilidad valiosa en un mundo cambiante y complejo. Los líderes resistentes pueden superar obstáculos y mantener la moral del equipo incluso en momentos difíciles.

5.   Ética y Responsabilidad Social:

Los líderes éticos y socialmente responsables son respetados y confiables. Contribuyen al bienestar de la sociedad y crean culturas organizativas saludables.

6.   Fomento de la Innovación:

El liderazgo que fomenta la innovación y la adaptación aporta una ventaja competitiva en un mundo en constante evolución. Los líderes deben estar dispuestos a cuestionar lo establecido y adoptar nuevas formas de hacer las cosas.

7. Mejora Continua:

La progresión del liderazgo es un proceso de mejora continua. Los líderes que buscan constantemente aprender, adaptarse y evolucionar están mejor equipados para enfrentar los desafíos en constante cambio.

8. Impacto Positivo en la Sociedad:

Los líderes que desarrollan habilidades y enfoques efectivos no solo tienen un impacto en sus organizaciones, sino que también pueden influir en la sociedad y el mundo en general. Contribuyen al bienestar común y al progreso social.

En resumen, la evolución del liderazgo a través del equilibrio entre Razón y emoción, el liderazgo con propósito y pasión, la guía y mentoría, la resiliencia, la ética, y la promoción de la innovación es esencial para liderar con éxito en un mundo dinámico y desafiante. Estas habilidades y enfoques se entrelazan para permitir a los líderes tomar decisiones informadas, inspirar a sus equipos y crear un impacto positivo en la sociedad.

Por supuesto, aquí tienes una guía que sin pretender ser completa y por pasos para el desarrollo del liderazgo, toma en cuenta aspectos clave relevantes en el mundo actual y futuro:

Paso 1: Autoevaluación y Autoconciencia

Comienza por realizar una autoevaluación honesta de tus habilidades de liderazgo actuales. Identifica tus fortalezas y debilidades.

Reflexiona sobre tus valores personales y profesionales. ¿Cuáles son tus principios fundamentales?

Practica la autoconciencia. Presta atención a tus emociones, reacciones y comportamientos en situaciones de liderazgo.

Paso 2: Establece un Propósito y una Visión

Define tu propósito como líder. ¿Por qué lideras y qué esperas lograr?

Crea una Visión clara de lo que deseas lograr como líder a largo plazo. ¿Cómo te gustaría que se vea tu liderazgo en el futuro?

Paso 3: Desarrolla tus Habilidades de Comunicación

La comunicación efectiva es fundamental. Trabaja en tus habilidades de escucha, expresión oral y escrita.

Aprende a adaptar tu estilo de comunicación a diferentes audiencias y situaciones.

Paso 4: Cultiva Relaciones y Empatía

Enfócate en construir relaciones sólidas con los miembros de tu equipo y otros colegas. La confianza es esencial.

Practica la empatía. Intenta comprender las perspectivas y necesidades de los demás.

Paso 5: Establece Metas y Planes de Acción

Define metas claras para tu desarrollo como líder. Deben ser específicas, medibles y alcanzables.

Crea planes de acción detallados para alcanzar tus metas. Establece plazos realistas.

Paso 6: Desarrolla Habilidades de Toma de Decisiones

Aprende a tomar decisiones informadas basadas en datos y análisis.

Practica la toma de decisiones éticas. Considera el impacto de tus acciones en todas las partes interesadas.

Paso 7: Sé un Mentor y Guía

Busca oportunidades para ser mentor y guía de otros. Comparte tus conocimientos y experiencias.

Apoya el desarrollo de quienes te rodean. Esto fortalecerá tu liderazgo y ayudará a otros a crecer.

Paso 8: Cultiva la Resiliencia

Desarrolla la capacidad de adaptarte y recuperarte de desafíos y fracasos. La resiliencia es esencial en un mundo cambiante.

Practica la gestión del estrés y el autocuidado para mantenerte equilibrado.

Paso 9: Enfócate en la Ética y Responsabilidad Social

Lidera con integridad y ética en todas tus acciones.

Contribuye al bienestar de la sociedad y el medio ambiente a través de prácticas socialmente responsables.

Paso 10: Promueve la Innovación y el Cambio

Abraza la innovación y fomenta una cultura que valore la creatividad y la adaptación.

Estudia tendencias y tecnologías emergentes para estar preparado para liderar en un mundo en constante evolución.

Paso 11: Evalúa y Ajusta Constantemente

Evalúa regularmente tu progreso hacia tus metas de liderazgo. Realiza ajustes según sea necesario.

Aprende de tus errores y fracasos, y utilízalos como oportunidades de aprendizaje.

Paso 12: Lidera con un Enfoque en el Futuro

Mantén una Visión de futuro. Imagina cómo deseas liderar en los próximos años y décadas.

Prepárate para liderar en un mundo futurista, donde la tecnología y la globalización desempeñan un papel importante.

Paso 13: Aprende de Otros Líderes

Estudia el liderazgo de otras personas que admires. Lee libros, asiste a conferencias y busca mentores.

Aprende de los éxitos y desafíos de otros líderes.

Paso 14: Celebra los Logros

Celebra tus logros y los logros de tu equipo. El reconocimiento positivo fortalece la motivación y la cohesión.

Paso 15: Sé un Líder Adaptativo

Prepárate para adaptarte constantemente a un entorno en cambio. El liderazgo efectivo requiere flexibilidad.

Mantén la mente abierta y dispuesta a aprender de nuevas experiencias y desafíos.

Recuerda que el desarrollo del liderazgo es un proceso continuo y personalizado.

Adaptarse a las necesidades y circunstancias es esencial para lograr un liderazgo sólido y efectivo en el mundo actual y futuro.

Con esta secuencia de diez capítulos, *"Liderazgo ¿Razón o Corazón? Mi Visión de Coach..."* se brinda una guía completa y además reflexiva para el desarrollo del liderazgo, abordando aspectos clave que son relevantes en el mundo actual y futuro.

"La empatía es el Corazón del liderazgo."

Bill George (Siglo XXI)

"El liderazgo efectivo es poner primero lo primero.

La gestión efectiva es disciplina,

llevándonos a nosotros mismos a hacer

lo que sabemos que debemos hacer."

Stephen R. Covey (Siglo XX)

Referencias Bibliográficas

Amabile, T. M. (1998). How to kill creativity. Harvard Business Review, 76(5), 77-87.

American Psychological Association. (2020). Publication Manual of the American Psychological Association (7th ed.). https://apastyle.apa.org/

Avey, J. B., Reichard, R. J., Luthans, F., & Mhatre, K. H. (2011). Meta-analysis of the impact of positive psychological capital on employee attitudes, behaviors, and performance. Human Resource Development Quarterly, 22(2), 127-152.

Bandura, A. (1997). Self-efficacy: The exercise of control. W. H. Freeman and Company.

Bar-On, R. (1997). Emotional Quotient Inventory (EQ-i): Technical manual. Multi-Health Systems.

Bass, B. M. (1985). Leadership and Performance Beyond Expectations. Free Press.

Bennis, W. G. (1959). Leaders: Strategies for taking charge. Harper & Row.

Blake, R. R., & Mouton, J. S. (1964). The Managerial Grid: The Key to Leadership Excellence. Gulf Publishing Company.

Blanchard, K., & Johnson, S. (2001). The New One Minute Manager. HarperCollins.

Boyatzis, R. E., & McKee, A. (2005). Resonant leadership: Renewing yourself and connecting with others through mindfulness, hope, and compassion. Harvard Business Press.

Brackett, M. A., Palomera, R., Mojsa-Kaja, J., Reyes, M. R., & Salovey, P. (2010). Emotion-regulation ability, burnout, and job satisfaction among British secondary-school teachers. Psychology in the Schools, 47(4), 406-417.

Brynjolfsson, E., & McAfee, A. (2014). The second machine age: Work, progress, and prosperity in a time of brilliant technologies. W. W. Norton & Company.

Burns, J. M. (1980). Leadership. Harper & Row.

Camerer, C. F. (2003). Behavioral game theory: Experiments in strategic interaction. Princeton University Press.

Carlyle, T. (1841). On Heroes, Hero-Worship, and the Heroic in History. Chapman and Hall.

Christensen, C. M. (1997). The innovator's dilemma: When new technologies cause great firms to fail. Harvard Business Review Press.

Comisión Mundial sobre Medio Ambiente y Desarrollo. (1987). Informe Brundtland. Editorial.

Conger, J. A., & Kanungo, R. N. (1987). Toward a Behavioral Theory of Charismatic Leadership in Organizational Settings. Academy of Management Review, 12(4), 637-647.

Covey, S. R. (2004). The 7 Habits of Highly Effective People: Powerful Lessons in Personal Change. Free Press.

Csikszentmihalyi, M. (Flow: The psychology of optimal experience. Harper & Row, 1990).

Damasio, A. (1994). Descartes' error: Emotion, reason, and the human brain. Penguin.

Davidson, R. J. (2003). Darwin and the neural bases of emotion and affective style. Annals of the New York Academy of Sciences, 1000(1), 316-336.

Deci, E. L., & Ryan, R. M. (The "what" and "why" of goal pursuits: Human needs and the self-determination of behavior. Psychological Inquiry, 2000).

Drucker, P. F. (1985). Innovation and entrepreneurship: Practice and principles. Harper & Row.

Duckworth, A. L., Peterson, C., Matthews, M. D., & Kelly, D. R. (2007). Grit: Perseverance and passion for long-term goals. Journal of Personality and Social Psychology, 92(6), 1087–1101.

Dweck, C. S. (2006). Mindset: The New Psychology of Success. Random House.

Esbjörn-Hargens, S., & Zimmerman, M. (2009). Integral Ecology: Uniting Multiple Perspectives on the Natural World. Shambhala Publications.

Fernández-Aráoz, C. (2008). Great People Decisions: Why They Matter So Much, Why They are So Hard, and How You Can Master Them. John Wiley & Sons.

Fiedler, F. E. (1964). A contingency model of leadership effectiveness. Advances in Experimental Social Psychology, 1, 149-190.

Fleishman, E. A., et al. (1951). Patterns of Leadership Behavior Related to Employee Grievances and Turnover. Personnel Psychology, 4(4), 385-395.

Fredrickson, B. L. (2001). The role of positive emotions in positive psychology: The broaden-and-build theory of positive emotions. American Psychologist, 56(3), 218–226.

George, B., Sims, P., McLean, A. N., & Mayer, D. (2007). Discovering Your Authentic Leadership. Harvard Business Review, 85(2), 129-138.

Glimcher, P. W. (2003). Decisions, uncertainty, and the brain: The science of neuroeconomics. MIT Press.

Goleman, D. (1995). Emotional Intelligence: Why It Can Matter More Than IQ. Bantam Books.

Goleman, D. (1998). Working with emotional intelligence. Bantam Books.

Goleman, D. (2006). Social Intelligence: The New Science of Human Relationships. Bantam.

González, R. C. (2021). Beneficios de Liderar con Propósito y Pasión. Revista de Liderazgo, 15(3), 112-130.

Greenleaf, R. K. (1970). The Servant as Leader. The Greenleaf Center for Servant Leadership.

Greenleaf, R. K. (2002). Servant Leadership: A Journey into the Nature of Legitimate Power and Greatness. Paulist Press.

Heifetz, R. A., & Linsky, M. (2002). Leadership on the Line: Staying Alive Through the Dangers of Leading. Harvard Business Review Press.

Hersey, P., & Blanchard, K. H. (1969). Life cycle theory of leadership. Training and Development Journal, 23(5), 26-34.

Hersey, P., Blanchard, K. H., & Johnson, D. E. (2008). Management of Organizational Behavior: Leading Human Resources. Pearson.

House, R. J. (1977). A 1976 Theory of Charismatic Leadership. In J. G. Hunt & L. L. Larson (Eds.), Leadership: The Cutting Edge (pp. 189-207). Southern Illinois University Press.

Johnson, M. B. (2020). Estrategias y Prácticas para Descubrir y Vivir el Propósito y la Pasión en el Liderazgo. En C. García & D. Pérez (Eds.), Liderazgo Transformacional (pp. 45-67). Editorial Ejemplo.

Kabat-Zinn, J. (1990). Full Catastrophe Living: Using the Wisdom of Your Body and Mind to Face Stress, Pain, and Illness. Delta.

Kobasa, S. C. (1979). Stressful life events, personality, and health: An inquiry into hardiness. Journal of Personality and Social Psychology, 37(1), 1-11.

Kotter, J. P. (1995). Leading change: Why transformation efforts fail. Harvard Business Review, 73(2), 59-67.

LeDoux, J. (1996). The emotional brain: The mysterious underpinnings of emotional life. Simon & Schuster.

Lewin, K., Lippitt, R., & White, R. K. (1939). Patterns of aggressive behavior in experimentally created social climates. Journal of Social Psychology, 10(2), 271-301.

Likert, R. (1961). New patterns of management. McGraw-Hill.

Luthar, S. S., Cicchetti, D., & Becker, B. (2000). The construct of resilience: A critical evaluation and guidelines for future work. Child Development, 71(3), 543–562.

MacGregor Burns, J. (1978). Leadership. In J. G. Hunt, & L. L. Larson (Eds.), Leadership: The cutting edge (pp. 5-19). Southern Illinois University Press.

Maddi, S. R., & Kobasa, S. C. (1977). The hardy executive: Health under stress. Dow Jones-Irwin.

Mascaray, J. L. (2011). Modelización mediante ecuaciones estructurales de la influencia del estilo de liderazgo en los ingenieros (Tesis de doctorado, Universidad Nacional de Educación a Distancia UNED. España).

Maslow, A. H. (A theory of human motivation. Psychological Review, 1943).

Masten, A. S. (2001). Ordinary magic: Resilience processes in development. American Psychologist, 56(3), 227–238.

Maxwell, J. C. (2007). The 21 Irrefutable Laws of Leadership: Follow Them and People Will Follow You. Thomas Nelson.

Mayer, J. D., Salovey, P., & Caruso, D. R. (2008). Emotional intelligence: New ability or eclectic traits? American Psychologist, 63(6), 503-517.

Mayer, J. D., Salovey, P., Caruso, D. R., & Sitarenios, G. (2003). Measuring emotional intelligence with the MSCEIT V2.0. Emotion, 3(1), 97-105.

Neenan, M., & Dryden, W. (2002). Life coaching: A cognitive-behavioural approach. Brunner-Routledge.

Nonaka, I., & Takeuchi, H. (1995). The knowledge-creating company: How Japanese companies create the dynamics of innovation. Oxford University Press.

Northouse, P. G. (2018). Leadership: Theory and Practice (8th ed.). SAGE Publications.

O'Reilly III, C. A., & Tushman, M. L. (2004). The ambidextrous organization. Harvard Business Review, 82(4), 74-81.

Pérez, D. (2022). Escenarios Futuros en los que el Liderazgo con Propósito y Pasión es Relevante. Liderazgo360. https://www.ejemplo.com/escenarios-futuros-liderazgo-propasion

Porter, M. E., & Millar, V. E. (1985). How information gives you competitive advantage. Harvard Business Review, 63(4), 149-160.

Prahalad, C. K., & Hamel, G. (1990). The core competence of the corporation. Harvard Business Review, 68(3), 79-91.

Reivich, K., & Shatte, A. (2002). The Resilience Factor: 7 Keys to Finding Your Inner Strength and Overcoming Life's Hurdles. Broadway Books.

Richardson, G. E. (2002). The metatheory of resilience and resiliency. Journal of Clinical Psychology, 58(3), 307–321.

Rock, D. (2006). Quiet leadership: Six steps to transforming performance at work. HarperCollins.

Roosevelt, F. D. (1882-1945). 32nd President of the United States. Biography.com Editors.

Salovey, P., & Mayer, J. D. (1990). Emotional intelligence. Imagination, Cognition and Personality, 9(3), 185-211.

Sánchez, S. E. (2018). El liderazgo gerencial y su impacto en la motivación del personal de las cooperativas financieras del sector económico popular y solidario en la provincia de Pichincha (Tesis de doctorado, Universidad Nacional Mayor de San Marcos. Universidad del Perú).

Schwab, K. (2017). The fourth industrial revolution. Crown Business.

Schwartz, J. M. (1998). The mindful brain: Cortical organization and the group-selective theory of higher brain function. Perspectives in Biology and Medicine, 42(4), 543-559.

Seligman, M. E. P. (2011). Flourish: A visionary new understanding of happiness and well-being. Free Press.

Selye, H. (1974). Stress without distress. J.B. Lippincott.

Shatte, A., & Reivich, K. (2002). The resilience factor: 7 keys to finding your inner strength and overcoming life's hurdles. Broadway Books.

Sinek, S. (2009). Start with Why: How Great Leaders Inspire Everyone to Take Action. Portfolio.

Smith, J. A. (2000). Leadership: Balancing Reason and Heart. Academic Press.

Sócrates. (469-399 a.C.). Atenas, Grecia.

Stogdill, R. M. (1948). Personal factors associated with leadership: A survey of the literature. Journal of Psychology, 25(1), 35-71.

Weber, M. (1947). The Theory of Social and Economic Organization. Free Press.

Wilber, K. (2000). Integral Psychology: Consciousness, Spirit, Psychology, Therapy. Shambhala Publications.

"El liderazgo no es un acto de ego,

sino una acto de servicio."

Simon Sinek (Siglo XXI)